アートで魅せる数学の世界

THE WORLD OF MATHEMATICS
FASCINATED WITH ART

岡本 健太郎●著

技術評論社

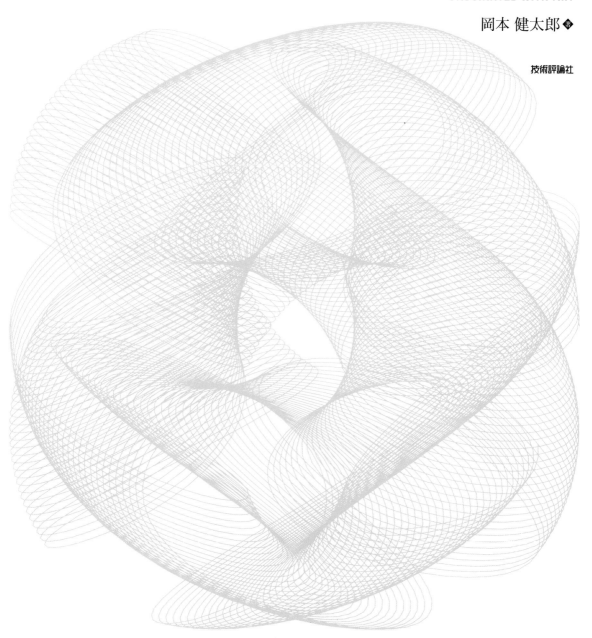

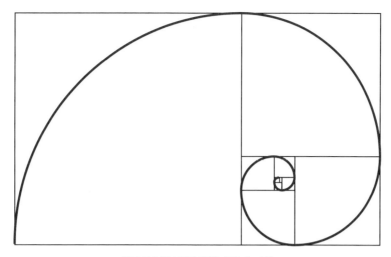

黄金長方形と黄金螺線（12ページ）

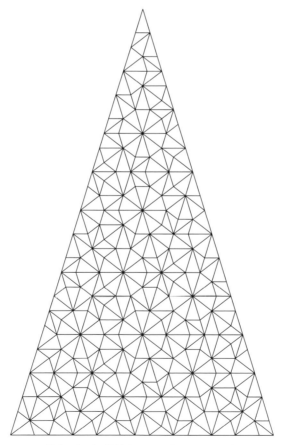

黄金三角形の分割（23ページ、113ページ）

折り紙でできる模様（78ページ）

エッシャーによるペガサスのタイリング（96ページ）

フォーデルベルク・タイリング（108ページ）

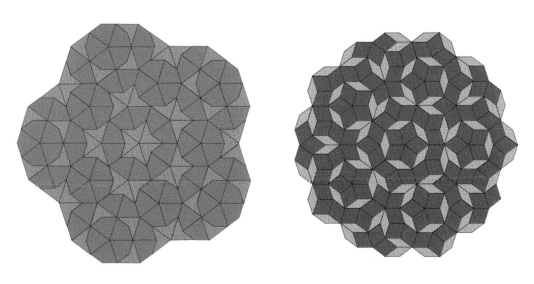

黄金比とペンローズ・タイリング（111ページ）

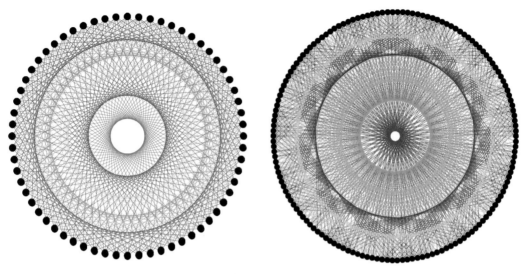

糸掛け曼荼羅（Excelで作成）（126ページ）

トロコイド曲線をベースにしたパラメトリック曲線①（Excelで作成）（150ページ）

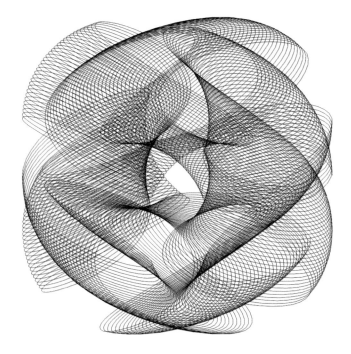

トロコイド曲線をベースにしたパラメトリック曲線② （Excelで作成）（154ページ）

素数列を用いた「糸掛け曼荼羅」（Excelで作成）（161ページ）

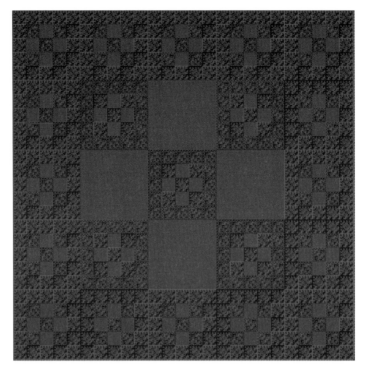

"mod 5" のシェルピンスキー・カーペット（Excelで作成）（185ページ）

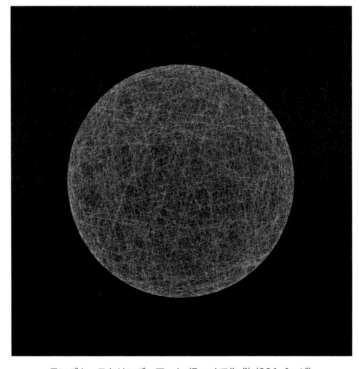

ランダム・ストリング・アート（Excelで作成）（206ページ）

RIFS を用いて作成した「ドラゴン曲線」(Excelで作成) (207ページ)

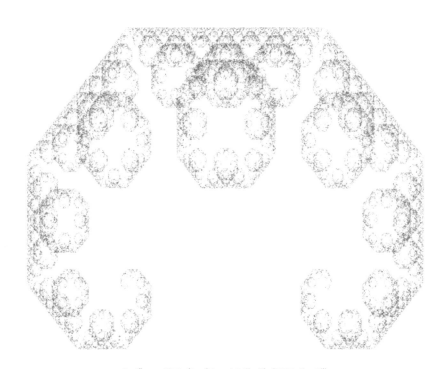

レヴィ・ドラゴン (Excelで作成) (207ページ)

カオス・ゲーム（Excelで作成）（209ページ）

RIFSを用いて作成した「バーンズリーのシダ」（Excelで作成）（211ページ）

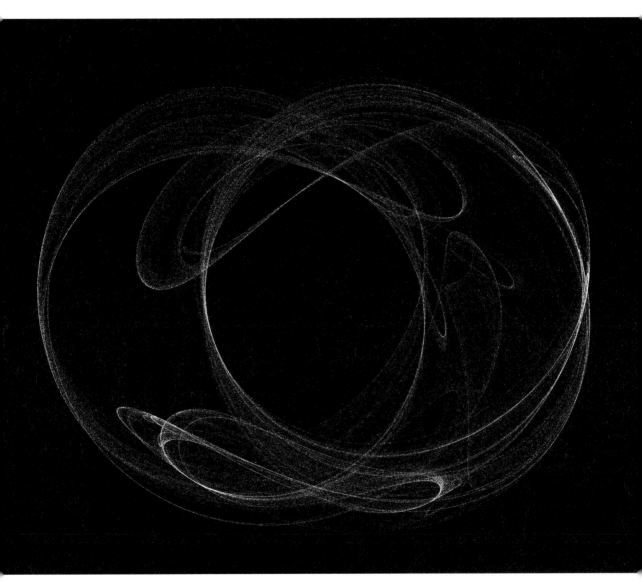

クリフォード・アトラクター（Excelで作成）（216ページ）

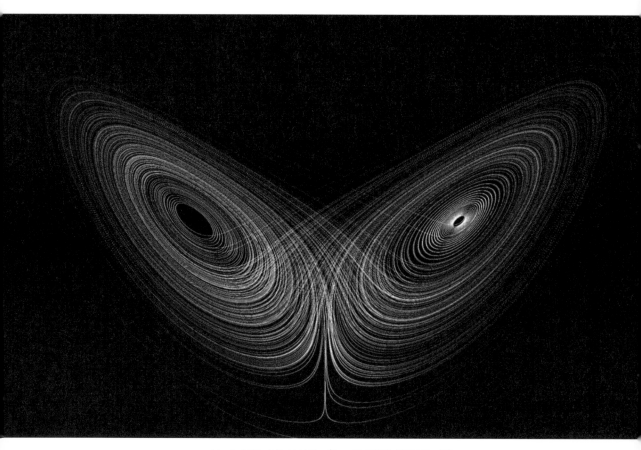

ローレンツ・アトラクター(Excelで作成)(219ページ)

はじめに

「数学、好きですか？」

　このような質問は、ときとして人を困惑させます。純粋に数学が得意で好きだという方はそんなに迷うことはないかもしれませんが、例えば「計算は苦手だけど、数学に興味はある。これで数学が好きだといっていいのかな？」「学生時代、数学は大嫌いだったけど、数学など好きなことを熱く語る人を見るのは好き。」という方も少なくはないと思います。それ以前に、世の中の大半の方は「数学が嫌い」であるというのが現状です。実際、中学や高校までの数学は、数学ができないとなかなか「楽しい」と感じにくい側面があります。しかし、数学とは本来、成績や優劣をつけるだけのものではありません。実はもっと広大で「美しい世界」が広がっているのです。本書では「数学×アート」という視点から、数学の「美しい世界」を紹介していきます。数学の美しさを通して、本来の楽しさや感動を味わっていただくことが本書の大きな目的です。

　「数学」と「アート」、一見すると何の接点もないように思えます。しかし、レオナルド・ダ・ヴィンチ、サルバドール・ダリ、マウリッツ・エッシャーなど、アートの世界に積極的に数学を取り入れた芸術家の作品は大いに注目を浴び、新しい世界観の構築を促しています。そして同時に数学の世界にも「美しさ」という概念が存在します。数学の「美しさ」は次の3種類に大別されます。

---

1. 手法としての美しさ
2. 結論としての美しさ
3. 経験としての美しさ

これは数学を「山登り」に例えると、それぞれ

---

1. これまで、あるいはこれからの道のりに対して美しさを感じること
2. 到達地点（展望台）での景色に美しさを感じること
3. 前人未到の山に見事登頂したときの"感情の高ぶり"

に対応します。本書ではこうした「数学の美しさ」を理論面、応用面、そしてビジュアル面の各方面に焦点を当てて解説していきます。

本書の内容と読み方

　具体的に、第1章ではデザインやアートの世界で必ずといってよいほど耳にする「黄金比」について解説していきます。単純に定義を述べて性質を説明しても深みは感じられにくいので、関連する歴史の話や具体的なデザインを通し、様々な角度から黄金比を味わっていきます。

　第2章では「模様」に焦点を置きます。前半は日本の伝統的なものづくりの代表である「折り紙」という切り口から始めます。実は折り紙にも数学的な理論があり、数学の一分野として世界中で日夜研究されています。そうした折り紙の織りなす模様の幾何学について解説をしていきます。後半では「タイリング」に焦点を当ててお話をしていきます。タイリングの構造を活かしてマウリッツ・エッシャーが描く「タイル張り模様」についても詳しく解説します。

　第3章は「ストリング・アート」（あるいは「糸掛け曼荼羅」）の構造とExcelを使った模様の作成について解説していきます。比較的単純なExcelの入力と操作で、美しい曼荼羅模様を描いていきます。VBAなどは一切使用しないため、中学生や高校生の方でも楽しめるようになっています。項目ごとに数学的な性質や考察も簡単にまとめてあるので、数学に興味のある方は是非そちらもご覧ください。

　第4章では第3章と同様にExcelを使い、フラクタルやカオスといった複雑な数学的対象の描写を解説していきます。フラクタルや繰り返し模様などの複雑な図形は、アートやデザインの世界でも多用されています。この章では、その歴史や構造について説明し、Excelを使った描写を行っていきます。第3章と同じように関数の入力や操作の解説があるので、数学的内容がわからなくても描写して体感することができます。特に後半で扱う「カオス・アート」では、コンピュータならではの複雑な描写を実際に行えるので、自身で係数や関数を変えてオリジナルの模様を模索することもできます。

　第5章では、Excelで作成した模様を、PowerPointのスライドデザインへ活かす方法を簡単に紹介します。また、ものづくりという観点から、私が過去に制作した切り絵作品を数学的な解説付きで掲載しています。これを機に切り絵という趣味を始めるのもよいかもしれません。

　最後になりますが、本書のモットーは「数学ができなくても楽しめる、数学がわかっても楽しめる」です。基本的に、数式が出てくるページを読み飛ばしても、Excelで描写できるように関数を詳しく記載しています。数学を理解することが目的の方でも、とりあえずExcelで数学的なアートやデザインを作り出してみたい方でも、一様に楽しんでいただければ幸いです。

　最後に、この本を書く機会を与えてくださった技術評論社の成田恭実様をはじめ、本書の制作に携わっていただいた全ての皆様に感謝申し上げます。

2021年9月　岡本 健太郎

目次

第3章 ストリング・アートの世界 115

第4章　フラクタルとランダムのアート　163

第5章　デザイン、アートへの活用例　227

第 **1** 章

黄金比の数理

1.1　黄金比とは

　デザインやアートの世界でよく見かける「黄金比」。みなさんも一度は耳にしたことがあるでしょう。実際に多くのロゴやデザイン、アートにも利用され、植物の世界でも黄金比の話題が現れます。こうした神出鬼没な黄金比は、多様な分野と結びついており、実に多くの人を魅了しています。例えば**図 1.1** の左のような、ひまわりの種の配置にも何かしらの規則があるように思えます。実は黄金比を使うことで、ひまわりの種の配置の単純なモデルを考えることができます。実際にExcel を使って**図 1.1** の右のような図形を作成してみました（Excel を使った作成方法は第 3 章にて解説しています）。実物に近い美しい模様が確認できますね。

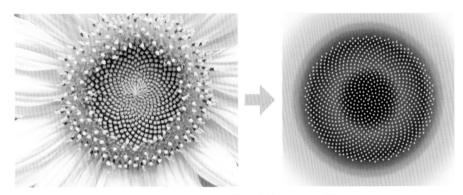

図 1.1　ひまわりの種の配置を Excel で再現

　そもそも「黄金比」とは何なのかを理解するため、まずはビジュアルから見ていきましょう。**図 1.2** のような特殊な長方形を考えます。

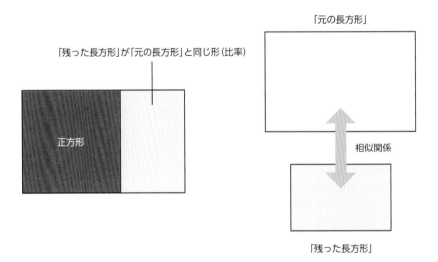

図 1.2　長方形と相似関係

　図 1.2 のように、短い縦の長さを一辺とする正方形を長方形の内側に考え、色を塗ります。すると残りの部分は長方形になりますが、これが最初の長方形と同じ形（＝相似）であるとき、長方形

の縦と横の長さの比を**黄金比**（Golden ratio）といいます。数値としては、短辺の長さを1とすると、長辺の長さはおよそ1.618であることが知られています。このような比率の長方形を**黄金長方形**（Golden rectangle）と呼びます。例えば「10cm×16.18cm」の長方形は、ほぼ黄金長方形となっているので、実際に紙を切り抜いたり、ExcelやPowerPointの図形オブジェクトを使ったりして確認してみることができます。

　黄金長方形はたくさんの面白い性質を持っており、例えば先ほどの操作でできた小さい長方形は元の長方形と相似であることから、これも黄金長方形となります。つまり、同じ操作を行うことでさらに小さな黄金長方形を作ることができます。この操作を繰り返すと**図1.3**のような模様が出来上がります。

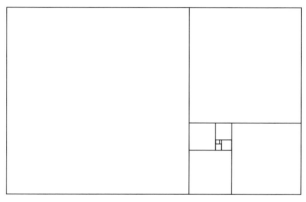

図 1.3　同じ操作で小さな正方形が渦状にできていく様子

　さらに、各正方形の内部に円弧（円の一部）を描けば、美しいらせん状の模様（"黄金らせん"）を描くこともできます。誤解が生じやすい部分ですが、このらせん模様は円弧をつなげているだけなので、"純粋ならせん"ではありません。例えば、ハンドルの角度を一定に保ったまま車を進めると、車はそのハンドルの角度に応じた半径の円弧を描きます。つまり、**図1.4**のような円弧の貼り合わせの場合、ハンドルの角度を不連続的に変えるという、いわば不自然な曲線になっています。こうした点で、**図1.4**の曲線は本来のらせんとは異なるものになるので注意が必要です。なお、らせんに関する話題は第3章で詳しくお話しします。

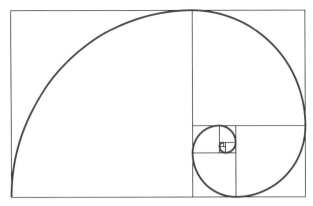

図 1.4　円弧をつなげてできるらせん模様

　なお、この円弧を円として、各大きさの正方形で中心を規則的にずらしていくことで次のような
デザインを作成できます。

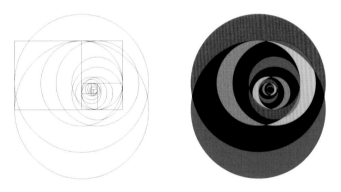

図 1.5　円を使ってできるデザイン

　また、**図 1.4**を見るとわかりやすいですが、正方形はどんどん小さくなっていき、どこかに向
かっていくように見えます。どこに向かっているのでしょうか？　実は簡単な補助線を引くだけで
黄金長方形の"終着点"を捉えることができます。まず、**図 1.6**のように黄金長方形の左上から右
下へ対角線を引きます。これと全く同じ操作を 1 回り小さな黄金長方形に対しても行います。

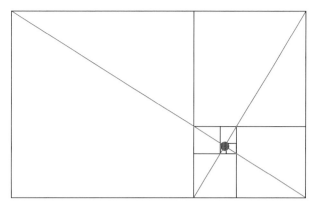

図 1.6 2つの補助線の交点が「終着点」となる

　すると、もちろんですが線は交差します。実はこの交点こそが"終着点"なのです。とてもシンプルですが、この理由は補助線を引く操作を続けようとするとわかります。2つ目の小さな黄金長方形に対し、同様の向きで対角線を引こうとすると、最初の対角線と被ります。3つ目の小さな黄金長方形の場合、2本目の対角線と被ってしまいます。つまり、最初の2本が残り全ての小さな黄金長方形の対角線を含んでしまうことから、極限まで小さくなった黄金長方形はこの2本の交点に行き着くというわけです。

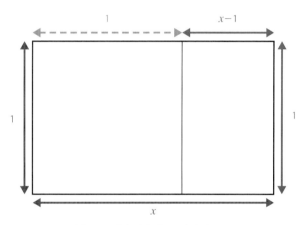

図 1.7 黄金長方形の比率を求める

　続いては、黄金比の正確な値を実際に計算してみましょう。**図 1.7**のように短い長さを1として、知りたい横の長さをxとします。このとき、全体の大きな長方形と、正方形を除いてできる小さい長方形の比が同じであることを次の等式で表せます。

$$1 : x = x - 1 : 1$$

しかし、この「＝（イコール）」は数の大きさとしての「等しさ」を表しているのではなく、「比の等しさ」を表しています。そこでちょっとしたトリックですが、比を表す記号「:」の真ん中に横線を入れてあげると「÷」という形になります。こうすることで先ほどの比の等式は

$$1 \div x = (x - 1) \div 1$$

となります。比の本質は割り算だったわけです。さて、これを整理してあげると

$$1/x = x - 1 \iff 1 = x(x - 1)$$

$$\iff x^2 - x - 1 = 0$$

となり、いわゆる「2次方程式」というものが現れます。

1.2 2次方程式と黄金比の歴史

前節において黄金比を求めようとすると「2次方程式」が現れました。この節では2次方程式も含め「方程式」全般について簡単に説明していきます。

例えば、次のような問題を考えましょう。

「箱の中からみかんを3個取り出しました。その後、箱の中を確認すると7個のみかんが入っていました。元々何個のみかんが入っていたでしょうか？」

もちろん、3個取り出した後から確認するまでに箱からの出し入れが行われた、みかんが腐ってしまったなどのリアルな状況は考えず、「理想的な場合」を考えます（基本的に数学はまず「理想的な場合」あるいは「特殊な場合」から考察していくことが多いです）。さて、脱線してしまいましたが、このような問題を考えるとき私たちは「文字」を使って等式を立てます。前節の長方形の考察で「わからない（＝知りたい）長さ」を x と置いて考えたのと同様に、元々入っていたみかんの数を x と置きます。このとき、次のような等式を考えることができます。

$$x - 3 = 7$$

これは、「取り出した後の状態（個数）」を2通りに表現して等式で結んだものであり、これが「方程式」です。そして方程式の解き方は、次のようなたった1つの基本原理をもとに行います。

基本原理

「＝（イコール）」の両側で、同じ操作を行う。

先ほどのみかんの問題の場合、「両辺に3を足す」ことによって

$$x - 3 + 3 = 7 + 3$$

つまり、$x = 10$ となり、元々箱の中には10個のみかんが入っていたことがわかります。正直なところ、このような操作を1から頭で行わなくても答えはわかるかもしれませんが、状況が複雑になってもこの基本原理は同じです。例えば「2倍したものから8を引くと6になるような数は何でしょう？」という問題を考えます。言葉で聞いてもぱっとしませんが、数式に置き換えることで機

械的に答えを導けます。実際にやってみましょう。

$$2x - 8 = 6 \iff 2x - 8 + 8 = 6 + 8 \quad \text{（両辺に8を足す）}$$

$$\iff 2x = 14$$

$$\iff 2x \div 2 = 14 \div 2 \quad \text{（両辺を2で割る）}$$

したがって、$x = 7$ となるわけです。このように、数式で考えるメリットはとても大きいことがわかります。では次のような方程式を考えましょう。

$$x^2 = 4$$

「x^2」という記号が出てきました。これは同じ数を掛けるときに使う便利な記号で、「〜の2乗」と読みます。つまり2乗して4になる数を求めたいのです。例えば $2^2 = 4$ なので、$x = 2$ が答えであることはすぐにわかります。しかし、負の数も候補に入れて考えると「-2」も確かに2乗すれば4になります。すなわち方程式 $x^2 = 4$ の解は $x = \pm 2$ となります。では次の場合はどうでしょうか？

$$x^2 = 5$$

この場合も解となる x は正の値と負の値の2つ考えられます。さらに、$2^2 = 4, 3^2 = 9$ であることから、この方程式を満たす正の解は2と3の間の数であることが推測されます。そこで、小数を考えてみましょう。$2.5^2 = 6.25$ であることから、方程式の正の解は2と2.5の間にあると絞れます。

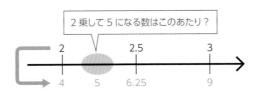

図 1.8 2乗して5になる数はどこ？

　しかし、いくら小数を使っても、実は永遠に答えにはたどり着きません。方程式を満たす正の値は $2.2360679775\ldots$ といった具合で、小数点以下が巡回することなく、無限に続いていってしまいます。巡回するのであれば、「整数/整数」という形（分数）で表すことができますが、この値は分数で表せません。このような奇妙な数を無理数（Irrational number）といいます。実際、こうしたつかみどころのない性質から無理数の存在自体、古代ギリシャでは否定的に考えられていたようです。さて、このような数は正確に書き下すことはできません。しかし「2乗すると5になる」という大きな特徴を持った数です。この特徴を利用し、形式的に「$\sqrt{5}$（ルート5）」と表し、「2乗して5になる数」は5の平方根（Square root）と呼ぶことにします。

図 1.9　クリストッフ・ルドルフ

　この記号は、書き下せない数を表現することができるので、とても画期的です。「ルート」の記号「$\sqrt{}$」を最初に使ったのはドイツの数学者クリストッフ・ルドルフ（Christoph Rudolff）（1499〜1545）といわれ、彼の著書『Coss（代数）』（1525）で使用されています。諸説あるようですが、「根」を意味する「radix（英語では root）」の頭文字「r」を変形したものと考えられています。ちなみにこの記号は当初「$\sqrt{}5$」という具合に、上の線が伸びていませんでした。このままではどこまで平方根を考えているのかわかりにくいですよね（例えば「$\sqrt{}2+1$」は $\sqrt{2}+1$ なのか、$\sqrt{2+1}$ なのか、など）。ルートの上の部分を伸ばして、現代でも使われる記号に改良したのは、ルネ・デカルト（René Descartes）（1596〜1650）といわれています。この先何度か登場しますが、デカルトは数学だけでなく多くの分野に多大な影響を及ぼした"巨人"といわれています。

　さて、このように、「（わからないもの）^{2}＝わかるもの」という形に対しては、「ルート」を利用することで「わからないもの＝$\pm\sqrt{\text{わかるもの}}$」と表せます。

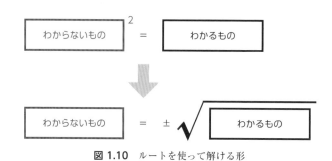

図 1.10　ルートを使って解ける形

　では、黄金比が満たす方程式 $x^2-x-1=0$ についてはどうでしょうか？　これは上のような形と少し異なり、一筋縄ではいかないようです。しかし、数学では「同じやり方でできないものは、同じやり方でできるように変形すればよい」という考え方がとても大切です。そこで、x^2-x の部分を次のように変形してあげます。

$$x^2 - x - 1 = \left(x - \frac{1}{2}\right)^2 - \frac{1}{4} - 1 = 0 \iff \left(x - \frac{1}{2}\right)^2 = \frac{5}{4}$$

$$\iff x - \frac{1}{2} = \pm\sqrt{\frac{5}{4}}$$

$$\iff x = \frac{1}{2} \pm \frac{\sqrt{5}}{2}$$

こうして、「（わからないもの）^{2}＝わかるもの」の形に変換でき、無事に解くことができます。このような2乗の形（平方）に変形する方法を平方完成（Completing the square）といいます。符号がマイナスの $\frac{1-\sqrt{5}}{2}$ は明らかに負の値になることから、黄金長方形の横の長さとしてふさわしいのは $\frac{1+\sqrt{5}}{2}$ となります。これが黄金比であり、習慣としてギリシャ文字 ϕ（ファイ）で表します。これはギリシャ神殿建設時の総監督を務めたとされる古代ギリシャの彫刻家ペイディアス（$\Phi\varepsilon\iota\delta\iota\alpha\varsigma$）（BC490頃～BC430頃）の頭文字から来ています。実際に2次方程式を解いて得られた黄金比の値は、次のように小数点以下が巡回することなく無限に続きます。

黄金比

$$黄金比は \phi = \frac{1+\sqrt{5}}{2} = 1.61803398\ldots である。$$

2次方程式の解の公式

2次方程式は、より一般に、実数 $a(\neq 0), b, c$ に対して

$$ax^2 + bx + c = 0$$

と表せます。この式の左辺を平方完成すると

$$a\left(x + \frac{b}{2a}\right)^2 - \frac{b^2}{4a} + c = 0 \iff \left(x + \frac{b}{2a}\right)^2 = \frac{b^2 - 4ac}{4a^2}$$

$$\iff x + \frac{b}{2a} = \pm\frac{\sqrt{b^2 - 4ac}}{2a}$$

$$\iff x = \frac{-b \pm \sqrt{b^2 - 4ac}}{2a}$$

と計算できます。これで、a, b, c が定まれば、最後の式に代入するだけで、2次方程式の解を求めることができます。つまり「解の公式が得られた」ということです。黄金比で現れた方程式 $x^2 - x - 1 = 0$ の場合、$a = 1, b = -1, c = -1$ となり、$x = \frac{1 \pm \sqrt{5}}{2}$ であることがわかります。こうした2次方程式の解の公式や計算自体は、ルートという記号がない時代から知られていました。そして次の興味は「3次方程式」や「4次方程式」、「5次方程式」の解の公式を見つけることに移っていきます。3次方程式の解の公式は長らく未解決問題でしたが、16世紀にイタリアの数学者シピオーネ・デル・フェロ（Scipione del Ferro）（1465～1526）により発見されたといわれています。その後、同じ16世紀のイタリア人数学者ルドヴィコ・フェラーリ（Ludovico Ferrari）（1522～

1565）により4次方程式の解の公式へと発展されます。これら一連の解の公式は、フェラーリの師であるジェローラモ・カルダーノ（Gerolamo Cardano）（1501〜1576）により、1冊の本（『アルス・マグナ』）として出版されました。この本の出版により、ヨーロッパ全体の数学が大きく発展したといわれています。このあたりのお話はどろどろした話題もあり大変面白いのですが、ここでは、話が大きくそれてしまうので省略することにします。

黄金比とレオナルド・ダ・ヴィンチ

図 1.11 レオナルド・ダ・ヴィンチ

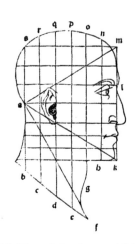

図 1.12 レオナルドによる挿絵

　芸術に関する話題で欠かせないのが、フランスの芸術家レオナルド・ダ・ヴィンチ（Leonardo da Vinci）（1452〜1519）です（以降、レオナルドと呼ぶことにします）。レオナルドは芸術家だけでなく、科学者、技術者、発明家など、多くの肩書きを持っています。特に数学的な考察も多く残されており、作図や比率に関する研究も彼の手稿（ノート）に残されています。レオナルドの数学に対する姿勢に影響を与えたのは、親交の深かった数学者ルカ・パチョーリ（Fra Luca Bartolomeo de Pacioli）（1445〜1517）といわれています。なお、パチョーリの著書『Divina proportione（神聖比例論）』（1509）の中にはレオナルドによる正多面体などの多くの挿絵が使われています（つまり、"イラストレーター：レオナルド・ダ・ヴィンチ"という豪華な本です）。また、当時は「黄金比」という言葉は存在しておらず、先ほど求めた $\frac{1+\sqrt{5}}{2}$ という値は「神聖比（Divine proportion）」という言葉で表現されています。黄金長方形の持つ「同じ形が無限に続く性質」を「神の不変性」として捉え、黄金比が「神聖」であることを本の中で説いています。特に $\frac{1+\sqrt{5}}{2}$ という値の"真髄"は「正二十面体」との関係であるともいわれ、この話題に関しては後ほど説明していきます。

1.3 貴金属比

　図形的な性質から2次方程式を使って黄金比を求めてきました。実は黄金比の他にも特別な比率というものが存在します。その1つが白銀比（Silver ratio）であり、次のような長方形を考えます。

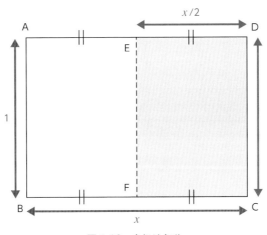

図 1.13　白銀長方形

　図 1.13のように、長方形の長い辺を2等分することで、2つの同じ大きさの長方形に分割します。こうしてできた長方形DEFCが元の長方形ABCDと同じ形であるとき、この長方形の縦と横の長さの比を白銀比といいます。では、白銀比はどれぐらいの比率なのか、実際に求めてみましょう。短辺の長さを1、長辺の長さをxとします。このとき、長方形の性質からAB : BC = DE : EFなので、

$$1 : x = \frac{x}{2} : 1 \iff x^2 = 2$$

となり、長辺の長さは$\sqrt{2}$であることがわかります。つまり、白銀比は$1 : \sqrt{2}$です。このような比率の長方形を白銀長方形（Silver Rectangle）と呼ぶことにします。実はこの白銀長方形、意外にも身近なところで目にすることができます。それは「A4サイズ」や「A5サイズ」といった用紙サイズの規格です。ドイツの化学者フリードリヒ・ヴィルヘルム・オストヴァルト（Friedrich Wilhelm Ostwald）（1853〜1932）により1cm×$\sqrt{2}$cmの単位規格が考案され、現在では面積が1m^2となるような白銀長方形を「A0サイズ」とし、ここからサイズを半分にしていくことで「A1サイズ」、「A2サイズ」、…と、国際規格であるA判サイズが定まっています。また「B判サイズ」は日本の国内規格で、「面積が1.5m^2になるような白銀長方形」を「B0サイズ」として定めています。実はこれ以外にも黄金比の一般化が考えられています。黄金比の場合、長方形の短い辺を一辺とする正方形を「1つ」内側に考えましたが、この正方形の個数を一般化します。まずは「2個」の場合を考えてみましょう。

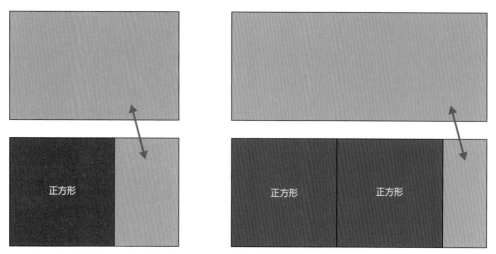

図 1.14　正方形1つの場合（黄金比）と、正方形2つの場合

　黄金長方形の場合、正方形1つで分割し、残った長方形が再び同じ黄金長方形となります。では、2つの正方形で分割した残りの長方形が元の長方形と同じ形になるような長方形を考えてみましょう。短辺を1、長辺をxとすると

$$1 : x = x - 2 : 1 \iff x^2 - 2x - 1 = 0$$

となり、2次方程式を解くことで長辺の長さは$x = 1 + \sqrt{2}$と求められます。実はこのような$1 : 1 + \sqrt{2}$の比も白銀比（Silver ratio）と呼びます（白銀比は文脈によって使い分ける必要があるので注意が必要です）。黄金長方形で円弧を使って「黄金らせん」を描いたのと同様に、楕円を使って「白銀らせん」を描いてみると次の**図 1.15**のようになります。

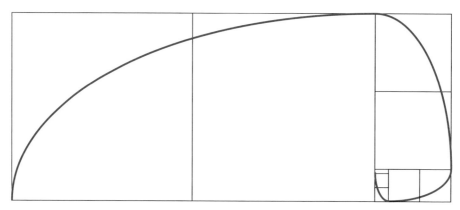

図 1.15　"白銀らせん"

　なお、この$1 : 1 + \sqrt{2}$の白銀比は、**図 1.16**のように正八角形の中に見ることができます。三角形ABIは直角二等辺三角形であるため、各辺の長さはいわゆる$1 : 1 : \sqrt{2}$の関係となります。斜辺ABの長さを1とすると、辺AI、BIは$\sqrt{2}/2$となり、線分BGの長さは$1 + \sqrt{2}$となることが計算できます。つまり、正八角形の内側にある長方形BCFGは白銀長方形となります。

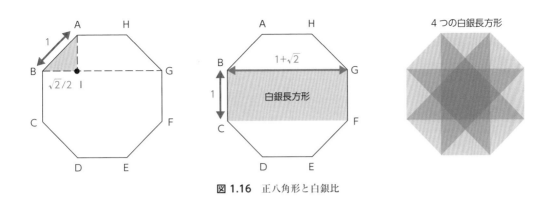

図 1.16　正八角形と白銀比

逆に、**図 1.16** の右のように、白銀長方形のコピー 4 つを回転させると、うまく頂点が一致して正八角形を作成できます。

続いて、一般に n 個の正方形の場合を考えましょう。

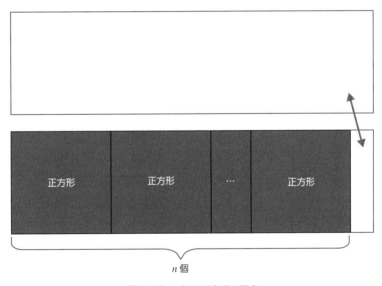

図 1.17　n 個の正方形の場合

短辺を 1、長辺を x とすると、先ほどと同様に比の等式から

$$1 : x = x - n : 1 \iff x^2 - nx - 1 = 0$$

が得られ、長辺の長さは $x = \dfrac{n + \sqrt{n^2 + 4}}{2}$ と計算できます。$n = 1$ のときが黄金比、$n = 2$ のときが白銀比、そして $n = 3$ の場合を青銅比（Bronze ratio）といいます。4 以上の n に対しては固有の呼び方は一般に知られていませんが、これらの比を統一的に貴金属比（Metallic ratio）と呼びます。

1.4　五芒星と黄金比

図 1.18　正五角形の頂点を結んでできる「五芒星（ペンタグラム）」

「ピタゴラスの定理」などで知られるピタゴラス（Pythagoras）（BC582～BC496）は自身を中心とした「ピタゴラス学派」といわれる組織を構成し、シンボルマークとして**図 1.18**のような「五芒星」を採用していたといわれています。五芒星とは、正五角形の頂点を1つ飛ばしで結んでできる星形の図形のことをいいます。彼らはこの五芒星に対し特別な意味を込め、共通のサインにも使用していたそうです。また面白いことに、この形は宗教や思想、魔術に関連するシンボルとしても登場します。例えば日本の平安時代の陰陽師安倍晴明（921～1005）は、陰陽道の基本概念である五行（木・火・土・金・水）を五芒星の頂点で表し、魔除けの呪符や紋として用いました。このことから五芒星の形を晴明斑紋と呼ぶこともあります。また、西洋における「サタニズム（悪魔主義）」という考え方の中では、逆さまにした五芒星で「悪魔の象徴」を表し、「デビル・スター」とも呼ばれています。

図 1.19　安倍晴明

図 1.20　デビル・スター

　実は、五芒星と黄金比との間には密接な関係があります。例えば**図 1.21**のように、五芒星の中に現れる「短い線」と「長い線」の比は、全て黄金比になります。

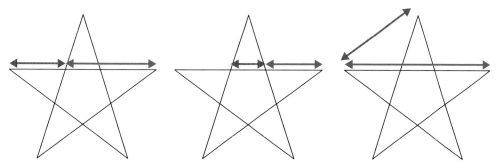

図 1.21　五芒星の中の黄金比（赤線と青線の比は黄金比となっている）

黄金三角形を計算してみる（その1）

　実際に計算してみましょう。ベースとなるのは五芒星の一部でできる二等辺三角形です。**図 1.22**のように、二等辺三角形の中に小さな二等辺三角形が入っています。また、角度に注目すると、全て互いに相似関係になっていることがわかります。このような性質は黄金長方形でも見られました。実はこの「$36°, 72°, 72°$」の二等辺三角形を黄金三角形（Golden triangle）と呼びます。

図 1.22　五芒星の中に見える黄金三角形

　この二等辺三角形の短い辺の長さを1として、長い辺の長さを計算していきます。ここでは、高校数学で扱われる「三角比」を用いた計算を行ってみます。まず、正弦定理により次の等式が成り立ちます。

$$\frac{1}{\sin 36°} = \frac{x}{\sin 72°} \iff x = \frac{\sin(2 \times 36°)}{\sin 36°}$$

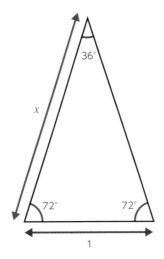

図 1.23　黄金三角形

$\sin$ の 2 倍角の公式「$\sin 2\theta = 2\sin\theta\cos\theta$」より、$x = 2\cos 36°$ となります。つまり、$\cos 36°$ を求めればよいわけです。以降、$36° = \theta$ と置きます。$5 \times \theta = 180°$ であることから、$180° - 2\theta = 3\theta$ となります。よって

$$\sin(180° - 2\theta) = \sin 3\theta$$

ここで、$\sin(180° - \theta) = \sin\theta$、$\sin$ の 3 倍角の公式「$\sin 3\theta = -4\sin^3\theta + 3\sin\theta$」により、

$$\sin 2\theta = \sin 3\theta \iff 2\sin\theta\cos\theta = \sin\theta(3 - 4\sin^2\theta)$$
$$\iff 2\cos\theta = 3 - 4\sin^2\theta$$
$$\iff 2\cos\theta = 3 - 4(1 - \cos^2\theta)$$
$$\iff 4\cos^2\theta - 2\cos\theta - 1 = 0$$

これは $\cos\theta$ に関する 2 次方程式となりますが、このまま $\cos\theta$ について解くのではなく、目的であった $x = 2\cos\theta$ について考えてみます。すると、この方程式は

$$x^2 - x - 1 = 0$$

と書き換えられ、これは黄金比を求める 2 次方程式に一致しています。つまり、辺の長さ（正の値）である x は、黄金比 $\dfrac{1 + \sqrt{5}}{2}$ となることがわかります。

黄金三角形を計算してみる（その 2）

さて、突然黄金比が現れてきました。ごりごりの三角比の計算を行っていたので、なぜ黄金比が出るのかわかりにくいと思います。そこで、黄金長方形と同様に、図形の相似という視点でこの黄金三角形を見ていくことにします。

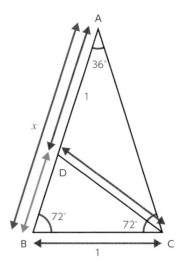

図 1.24 相似な二等辺三角形

　図 1.24 のように、頂点 C から角の二等分線が出ており、AB との交点を D とします。このとき、三角形 CBD は「36°, 72°, 72°」の二等辺三角形（黄金三角形）になり、辺 DC の長さは 1 となります。また、三角形 ADC も「36°, 36°, 108°」の二等辺三角形になり、辺 AD の長さも 1 であることがわかります。よって辺 AB の長さを x とするとき、辺 DB の長さは $x-1$ となります。ここで、元の黄金三角形 ABC と小さな黄金三角形 CBD の相似関係から、AB : BC = CB : BD となります。すなわち、

$$x : 1 = 1 : x - 1 \iff x^2 - x - 1 = 0$$

という、例の 2 次方程式の形になるため、$x = \dfrac{1 + \sqrt{5}}{2}$ であることがわかります。このような黄金三角形の比から、五芒星の中にたくさんの黄金比のペアを見つけることができます。

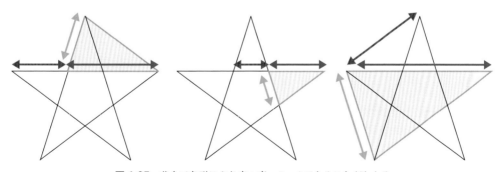

図 1.25 黄金三角形により赤：青 = 1 : ϕ であることがわかる

　なお、考察の中で現れた「36°, 36°, 108°」の三角形は**黄金グノーモン**（Golden gnomon）と呼ばれています。これは、黄金三角形を分割するたびに現れます。二等辺三角形である黄金グノーモンの長辺側に円弧を描き続けることで、次の**図 1.26** のような三角形版の黄金らせんを描くこともできます。

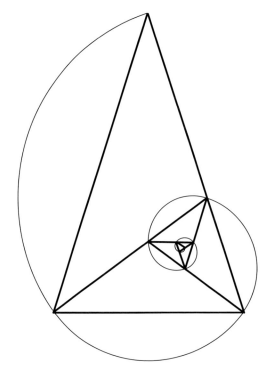

図 1.26　黄金三角形によるらせん

　また、五芒星と黄金三角形、そしてらせんを使って、いろいろなデザインを作成することができます。五芒星なので、色を5色使えば、比較的単純な規則に沿って綺麗な色分けが可能です（**図 1.27**）。

図 1.27　五芒星と黄金三角形によるデザイン例

1.5 黄金比が現れる問題

次に黄金比が現れる古典的な問題をいくつか紹介します。黄金比の「神出鬼没さ」を味わってみましょう。

問題 1：黄金直方体

体積が1で、対角線の長さが2となる直方体を求めてください。

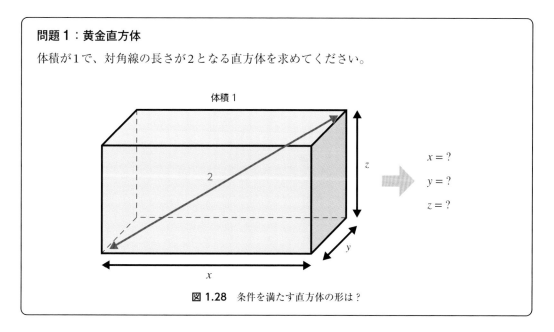

図 1.28 条件を満たす直方体の形は？

とてもシンプルな問題です。条件を満たす x, y, z はたくさんあるわけですが、ここでは $x \geq y \geq z$ とし、$y = 1$ の場合のみを考えてみます。体積が1、対角線の長さが2であることから

$$xz = 1, \quad \sqrt{x^2 + 1^2 + z^2} = 2 \iff x^2 + z^2 = 3$$

とわかります。このとき $z = \dfrac{1}{x}$ を2つ目の式に代入すると

$$x^2 + \frac{1}{x^2} = 3 \iff \left(x - \frac{1}{x}\right)^2 = 1$$

という具合に式変形できます。ここで、$x \geq y = 1$ であることから、$x - \dfrac{1}{x} > 0$ なので、

$$x - \frac{1}{x} = 1 \iff x^2 - x - 1 = 0$$

となります。この2次方程式の正の解は黄金比 ϕ です。つまり、中央の長さを $y = 1$ とすると、残りの辺の長さは $x = \phi, z = \phi^{-1}$ となります。このような直方体を黄金直方体（Golden rectangular）と呼びます。この直方体の面は1面を除いて黄金長方形になっています。さらに黄金長方形に類似した性質として、一番長い辺 ϕ から、一番短い辺2つ分を削ってできる小さい直方体もまた、黄金直方体となります。

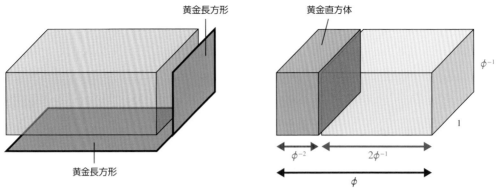

図 **1.29**　黄金直方体の分割

問題2：公平な的当てゲーム

AさんとBさんが的当てゲームをします。AさんはAのエリアに、BさんはBのエリアに当てれば勝利です。先攻がAさんのとき、ゲームを公平にするには的の面積比をどのように設定すればよいでしょうか？　ただし、必ず的には当たるものとします。

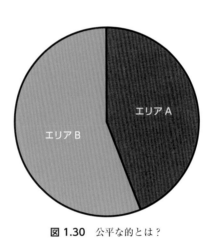

図 **1.30**　公平な的とは？

　もしエリアの割合が1：1であれば、先攻のAさんが有利となってしまいます。そのため、エリアAをやや小さくしたいわけです。エリアの面積の割合が確率であると考え、エリアAに当たる確率をpとします。このときエリアBに当たる確率は$1-p$と表現できます。さてここで、Aさんが勝利する確率を具体的に計算してみましょう。AさんがエリアAに当てることを「成功」と表現することにします。Aさんが勝つには、「1回目で成功」、または「1回目は失敗し、Bさんも失敗し、2回目でAさんが成功」または、…という具合にどちらも失敗し続ければ、的当ては長引き延々と続きます。これを式で表すと

$$1回目で成功する確率　：　p$$

$$2回目で成功する確率　：　(1-p) \times p \times p = (1-p)p^2$$

$$3回目で成功する確率　：　(1-p) \times p \times (1-p) \times p \times p = (1-p)^2 p^3$$

$$\vdots$$

$$n\text{ 回目で成功する確率}\ :\ (1-p)^{n-1}p^n$$

$$\vdots$$

となり、これらの確率の総和（無限和）がAさんの勝利する確率となります。よってAさんが勝利する確率$P(\text{A さんが勝利})$は等比数列の無限和の公式より

$$P(\text{A さんが勝利}) = \sum_{k=0}^{\infty} p\{(1-p)p\}^k = \frac{p}{1-(1-p)p}$$

と計算でき、この値が$\frac{1}{2}$になるときゲームは公平になります。では、そのようなpの値を実際に求めてみましょう。

$$\frac{p}{1-(1-p)p} = \frac{1}{2} \iff p^2 - 3p + 1 = 0$$

となり、この2方程式を解くと、実は黄金比ϕを使って$p = \phi^{-2}$となることが簡単な計算でわかります。つまり、赤：青の比率は$\phi^{-2} : 1-\phi^{-2}$となります。もう少し整理してみましょう。ϕは$\phi^2 - \phi - 1 = 0$を満たすことから

$$1 - \phi^{-2} = \frac{\phi^2-1}{\phi^2} = \frac{\phi}{\phi^2} = \phi^{-1}$$

とわかるので、赤：青$= \phi^{-2} : \phi^{-1} = 1 : \phi$であることがわかります。つまり、的のエリアを黄金比で分割することで公平なゲームになるという、なんとも美しい結論が得られました。

　次の話題は、ルカ・パチョーリが説いた、黄金比の「真髄」ともいわれる面白い性質です。

問題3：黄金比と正二十面体

3つの同じ大きさの長方形があります。図のように3つの長方形を中心で交差させ、頂点を結びます。こうしてできる多面体は全部で20個の三角形の面を持ち、「二十面体」となります。では、正二十面体にするには、どのような長方形を使えばよいでしょうか？

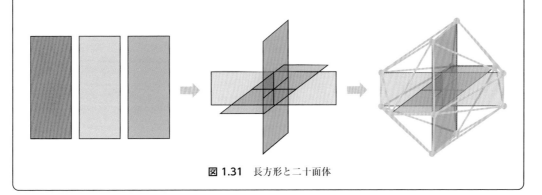

図 1.31　長方形と二十面体

　まず、出来上がる二十面体に注目します。よく見ると、次の**図 1.32**のように2種類の三角形からなることがわかります。

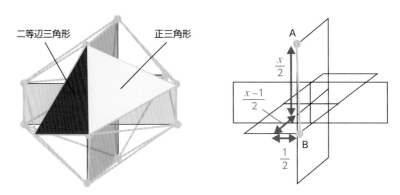

図 1.32　長方形3枚でできる二十面体

　どんな長方形でも必ず正三角形はでき、もう1つの二等辺三角形は長方形の長さに依存します。例えば、長方形の短辺の長さを1とし、長辺の長さを x と置くことにします。このとき、**図1.32**の辺ABの長さが1となれば、全ての三角形の辺の長さは同じとなり、正三角形のみで構成される正二十面体となります。「ABの長さ＝1」を満たす x を求めてみましょう。すると

$$\text{ABの長さ} = \sqrt{\left(\frac{1}{2}\right)^2 + \left(\frac{x-1}{2}\right)^2 + \left(\frac{x}{2}\right)^2} = 1 \iff x^2 - x - 1 = 0$$

となり、もはや「おなじみ」の2次方程式が現れます。辺の長さはもちろん正の値なので、求める長辺の長さは $x = \phi$ となります。つまり、黄金長方形を3つ組み合わせることで、正二十面体が構成されます。このような結論の美しさが、黄金比が「神聖な比率」といわれている理由の1つです。

1.6　フィボナッチ数と黄金比

▌黄金長方形をまねる

　1.1節では、黄金長方形や正方形をどんどん「小さく」作り出していく図を紹介しました（**図1.3**）。実際に絵を描く際、「無限」に描くことはできないので大変です。そこで、逆にどんどん大きな正方形を作り出していくことを考えます。つまり、**図1.33**の右のような長方形を考えます。

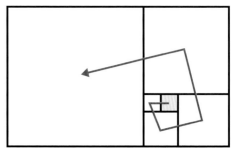

図 1.33　逆に小さい正方形から長方形を作っていく

　最初の正方形の一辺の長さを1とします。まず、同じ一辺の長さ1の正方形を隣にくっつけ、1×2の長方形ができます。次にこの長方形の辺の長い方（長さ2）を一辺に持つ正方形を長い辺にくっつけます。すると2×3の長方形に成長しました。さらに、この長方形の長辺である3を一辺に持つような正方形をくっつけます。すると3×5の長方形に成長します。これを続けていきます。

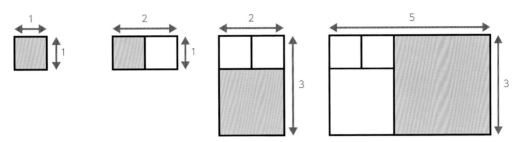

図 1.34　1×1の正方形から3×5の長方形まで

新しく出来上がる正方形の一辺の長さに注目しましょう。小さい方から順番に

$$1, 1, 2, 3, 5, 8, 13, 21, 34, 55, 89, 144, \ldots$$

という数の列が見えてきます。正方形の作り方に注目すると、前2つの数を足し合わせることで次の数が出来上がることがわかります。

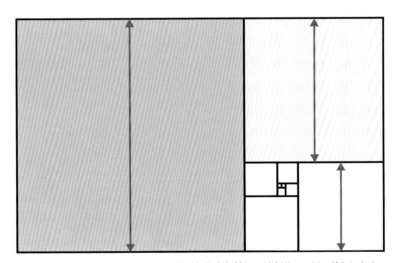

図 1.35　前2つの正方形の一辺の長さを足すと新しい正方形の一辺の長さになる

　このような数列をフィボナッチ数（Fibonacci number）といい、n番目のフィボナッチ数をF_nと表すことにします。つまり、この長方形は隣り合うフィボナッチ数を長さに持つ長方形として特徴づけられるので、フィボナッチ長方形（Fibonacci rectangle）と呼ぶことにします。このフィボナッチ長方形は始まりの形が正方形として決まっているのに対し、黄金長方形の場合は正方形が限りなく小さくなっていきます。この意味で、フィボナッチ長方形は黄金長方形の有限版であると考えることができます。実際に隣り合うフィボナッチ数の比を計算してみましょう。

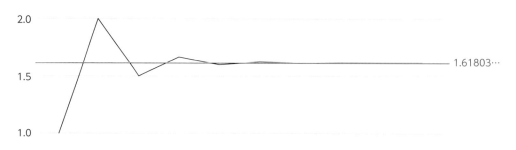

図 **1.36**　隣り合うフィボナッチ数の比は一定の値に近づいていく

小数に注目すると、1.61803付近の値に近づいているようです。隣り合うフィボナッチ数の比は n が大きくなるほど黄金比に近づくことが知られています。この事実は数式を使って次のように表すことができます。

$$\lim_{n \to \infty} \frac{F_{n+1}}{F_n} = \phi = \frac{1 + \sqrt{5}}{2} = 1.6180339887 \ldots$$

ここで「（lim）」は極限（Limit）といい、$\lim_{n \to \infty}$ で n を限りなく大きくする（＝無限大に近づける）ことを表現します。さて、このフィボナッチ数、とても奥深く美しい性質を持ちます。フィボナッチ数の性質を観察する前に、この数列の歴史と経緯について少しだけ紹介しましょう。

フィボナッチ数の歴史

　今日、フィボナッチ数と呼ばれる数列を最初に考察したのは13世紀のイタリアの数学者レオナルド・ダ・ピサ（Leonardo da Pisa）（1170頃～1250頃）といわれています。数列の名前は彼のニックネームである「フィボナッチ」からきています。ちなみに「フィボナッチ」は「ボナッチの息子」という意味で、父グリエルモのニックネーム「ボナッチ」に由来しています（つまり、「フィボナッチ」には、もはや原型がないのです）。19世紀の歴史家リブリによりニックネーム「レオナルド・フィボナッチ」が広められてしまい、現在は一般的に「フィボナッチ数」と呼ばれるようになっています。といってもレオナルドではわかりにくいので、以降は彼を「フィボナッチ」と呼ぶことにします。

図 1.37 レオナルド・ダ・ピサ（レオナルド・フィボナッチ）

フィボナッチは、父親が商業関係の仕事をしていたことから、そこで使われる計算や数学に興味を持ちはじめました。商用で旅をしていた際に「アラビア数字」に出会い、この記法はローマ数字に比べてはるかに使いやすいことに気づいたフィボナッチは、アラビア数字のシステムを『Liber Abaci（算術の書）』という著書で紹介し、ヨーロッパに広めました。実は、ヨーロッパの数学はやや遅れており、このアラビア数字のシステムが広がった後、ヨーロッパ数学再生の時代（ルネサンス）を迎えます。こういった経緯もあり、フィボナッチは中世で最も重要な数学者の一人ともいわれています。

さて、フィボナッチは「ウサギの出生数」に関する次のような考察を行っています。

ウサギの出生数に関する問題

生後まもない1つがいのウサギは、次の条件のもとでどのように増えていくでしょうか？

条件1：生後2か月以降、1か月ごとに1つがいのウサギは1つがいのウサギを産む。

条件2：ウサギは死なないものとする。

図 1.38 ウサギのつがい

条件2の癖が強く、もはやウサギではなく何かしらの「システム」と考えた方がしっくりきそうです。さて、最初の2か月はウサギは1つがいのままです。しかし3か月目に、ウサギは1つがいのウサギを産むので、全部で2つがいのウサギがいます。4か月目も同様に最初のウサギがまた1つがいのウサギを産み3つがいに。5か月目には「3か月目に生まれたウサギ」が生後2か月になるので、新たに1つがい産みます。よって合計で5つがいになりました。

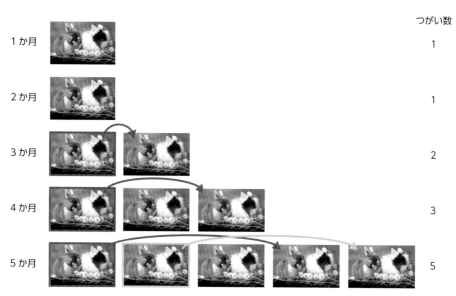

図 1.39 つがいの増え方

5か月目を注意して見ると、4か月目（1か月前）のウサギの数と、3か月目（2か月前）のウサギが産んだ子ウサギの数の和になっています。つまり、「1か月前のウサギの数」＋「2か月前のウサギの数」で「現在のウサギの数」となることがわかります。式で考えてみましょう。nか月目（$n > 2$）のウサギのつがい数をF_nとすると

$$F_n = F_{n-1} + F_{n-2}$$

が成り立つのです。$F_1 = F_2 = 1$であることから、これはまさに「フィボナッチ数」を表しています。

フィボナッチ数の美しい性質

フィボナッチ数の漸化式

ここからはフィボナッチ数の持つ性質について説明していきます（場合によってはExcelを使っていきます）。まずは、数列の作り方から次が成り立ちます。先ほどのウサギの考察をもとにフィボナッチ数は次のような式で特徴づけられます。

$$F_{n+2} = F_{n+1} + F_n \quad (F_1 = F_2 = 1, n \in \mathbb{N})$$

このような、番号の異なる数列同士の関係を表す式を漸化式（Recurrence relation）といいます。数学では、このような3つの数列間の漸化式を特に「3項間漸化式」と呼びます。そして、こういった最新の情報を前の情報で直接的に表現できるような漸化式は、Excelと相性がよく、一気に計算することができます。例えば、フィボナッチ数をいくつか計算してみましょう。

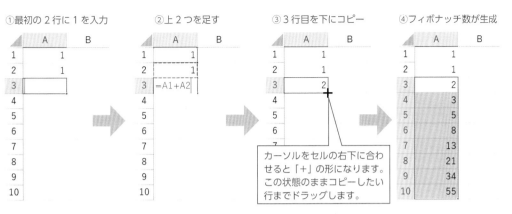

図 1.40 Excel でフィボナッチ数を計算

このように前2つの数がわかれば、コピー機能により容易にフィボナッチ数を生成することができます。ついでに黄金比を Excel で出力してみましょう。黄金比の正確な値は $\dfrac{1+\sqrt{5}}{2}$ でした。Excel には平方根を出力する関数「SQRT」があります。これにより、次のようにして計算することができます。

「$\sqrt{5}$」→ SQRT(5)

	A	B
1	=(1+SQRT(5))/2	
2		
3		
4		
5		

➡

	A	B
1	1.61803	
2		
3		
4		
5		

演算	Excel の関数
＋ (プラス)	＋
－ (マイナス)	－
× (掛ける)	＊
÷ (割る)	／

図 1.41 Excel で黄金比を計算（左）、Excel の基本演算（右）

なお、Excel での基本的な演算も今後使っていくので、ここで記しておきました。せっかくなので隣り合うフィボナッチ数の比も計算してみましょう。

①2番目÷1番目を計算

	A	B	C
1	1	=A2/A1	
2	1		
3	2		
4	3		
5	5		
6	8		
7	13		
8	21		
9	34		
10	55		

②下までコピー

	A	B	C
1	1	1	
2	1		
3	2		
4	3		
5	5		
6	8		
7	13		
8	21		
9	34		
10	55		

③比が完成

	A	B	C
1	1	1	
2	1	2	
3	2	1.5	
4	3	1.66667	
5	5	1.6	
6	8	1.625	
7	13	1.61538	
8	21	1.61905	
9	34	1.61765	
10	55		

図 1.42 Excel で隣り合うフィボナッチ数の比を計算

次第に黄金比 1.61803... に近づいていることが目で見てわかります。

ビネの公式

　では、30番目のフィボナッチ数はいくつになるでしょうか？　もちろん、Excelがあれば、コピー機能によって30番目の数を求めることができますが、作業としてやや面倒です。番号をいえば、その番号のフィボナッチ数を計算できる「公式」のようなものがあれば便利ですよね。実はn番目のフィボナッチ数は次のように、黄金比を使って直接計算することができます。

> **ビネの公式**
>
> $$F_n = \frac{\phi^n - (-\phi)^{-n}}{\sqrt{5}}$$

　これはビネの公式（Binet's formula）と呼ばれており、その名称は1843年にこの公式を発表したフランスの数学者ジャック・フィリップ・マリー・ビネ（Jacques Philippe Marie Binet）（1786〜1856）に由来しています。ちなみに同じくフランスの数学者アブラーム・ド・モアブル（Abraham de Moivre）（1667〜1754）は1730年に、また、天才数学者レオンハルト・オイラー（Leonhard Euler）（1707〜1783）や同僚のダニエル・ベルヌーイ（Daniel Bernoulli）（1700〜1782）も1760年代頃に同様の公式を発表していたようです。それほど多くの研究者がフィボナッチ数に魅力や興味を感じていたのかもしれません。さて、この黄金比を使った公式を実際にExcelで作ってみます。

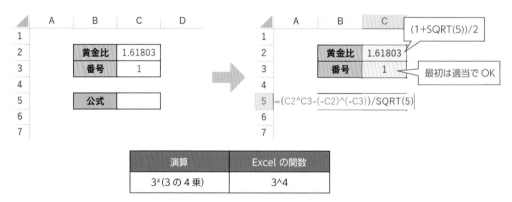

演算	Excelの関数
3^4(3の4乗)	3^4

図1.43　ビネの公式をExcelで作成

　「番号」の数値を変えると、「公式」にその番号のフィボナッチ数が出力されます。「便利な公式」ですね。せっかくなのでビネの公式の証明を次に記しますが、読み飛ばしても大丈夫です。

証明. 三項間漸化式の解法としては「特性方程式」を用いる方法が一般的ですが、ここでは、母関数というものを使った解法を紹介します。まず、次のような形式的冪級数（収束性を仮定しない無限和）を考えます。

$$f(X, \{a_n\}) := \sum_{k=1}^{\infty} a_k X^k$$

このような、k 番目の数列 a_k が X^k の係数となるような和を数列 a_n の母関数（Generating function）といいます。これは何かと便利です。というのも、数列の全ての情報を母関数が持っているので、母関数の性質を調べれば数列の特徴や情報を知ることができます。ここでは具体的にフィボナッチ数の母関数 $f(X, \{F_n\})$ を考えていきましょう。まず、全体に X, X^2 を掛けたものを次のように並べてみます。

$$Xf(X, \{F_n\}) = F_1 X^2 + F_2 X^3 + \cdots + F_{n-1} X^n + \cdots$$
$$X^2 f(X, \{F_n\}) = \qquad\quad F_1 X^3 + \cdots + F_{n-2} X^n + \cdots$$

そして、同じ X^k の係数に注目し和をとると

$$(X + X^2)f(X, \{F_n\}) = F_1 X^2 + (F_2 + F_1)X^3 + \cdots + (F_{n-1} + F_{n-2})X^n + \cdots$$
$$= F_1 X^2 + F_3 X^3 + \cdots + F_n X^n + \cdots$$
$$= f(X, \{F_n\}) - X$$

となることがフィボナッチ数の漸化式からわかります（$F_1 = F_2 = 1$ であることから調整を行いました）。これをまとめると

$$f(X, \{F_n\}) = \frac{X}{1 - X - X^2}$$

となり、フィボナッチ数の母関数のシンプルな表示が得られました。この中にフィボナッチ数の全情報が閉じ込められています。分母の $1 - X - X^2$ を因数分解すると $(1 - \phi X)(1 + \phi^{-1}X)$ となり、黄金比が現れます。記号がややこしくなるので、$\phi = \alpha, -\phi^{-1} = \beta$ として母関数を変形していきます。

$$f(X, \{F_n\}) = \frac{X}{(1 - \alpha X)(1 - \beta X)}$$
$$= \frac{1}{\sqrt{5}}\left(\frac{1}{1 - \alpha X} - \frac{1}{1 - \beta X}\right)$$
$$= \frac{1}{\sqrt{5}}\left(\sum_{k=0}^{\infty} \alpha^k X^k - \sum_{k=0}^{\infty} \beta^k X^k\right)$$
$$= \sum_{k=1}^{\infty} \frac{\alpha^k - \beta^k}{\sqrt{5}} X^k$$

ここで、2段目の等式は部分分数分解、3段目の等式は無限等比数列の和の公式を使いました。X^k の係数を見ると、フィボナッチ数の一般項が求められていることがわかります。　　　　□

また、ビネの公式により、隣り合うフィボナッチ数の比を計算すると

$$\frac{F_{n+1}}{F_n} = \frac{\phi^{n+1} - (-\phi)^{-(n+1)}}{\phi^n - (-\phi)^{-n}} = \frac{\phi - (-1)^{n+1}\phi^{-2n-1}}{1 - (-1)^n \phi^{-2n}}$$

となります。$1 < \phi$ であることから、極限 $n \to \infty$ により、$\phi^{-2n-1}, \phi^{-2n} \to 0$ となり、

$$\lim_{n \to \infty} \frac{F_{n+1}}{F_n} = \phi$$

が示せました。なお、もし隣り合うフィボナッチ数の比が正の実数値に収束することがわかっている場合、これはビネの公式を使わずに示すこともできます。まず、フィボナッチ数の漸化式の両辺を F_n で割り、次のように整理してみます。

$$\frac{F_{n+2}}{F_n} = \frac{F_{n+1}}{F_n} + 1 \Rightarrow \frac{F_{n+2}}{F_{n+1}} \cdot \frac{F_{n+1}}{F_n} = \frac{F_{n+1}}{F_n} + 1$$

隣り合うフィボナッチ数が $\alpha > 0$ に収束すると仮定し、この漸化式の両辺の極限 $n \to \infty$ を考えると

$$\alpha^2 = \alpha + 1$$

となり、やはり黄金比の 2 次方程式が現れ、収束先が ϕ であることがわかります。

フィボナッチ数とピタゴラスの定理

直角三角形の斜辺の長さを c、残りの辺の長さを a, b とするとき

$$a^2 + b^2 = c^2$$

という関係が成り立ちます。これはピタゴラスの定理、または三平方の定理として知られています。(a, b, c) の具体例として $(3, 4, 5)$ は有名ですが、このような整数の 3 つ組（以降は「ピタゴラス数」と呼ぶことにします）は適当に探しても見つかりません。しかし、フィボナッチ数を使えば、無限にピタゴラス数を生み出すことができます。

次の 3 つ組 (a, b, c) はピタゴラスの定理 $a^2 + b^2 = c^2$ を満たす。

$$(a, b, c) = (F_n F_{n+3}, 2F_{n+1}F_{n+2}, F_{n+1}^2 + F_{n+2}^2)$$

つまり、4 つの連続するフィボナッチ数により、具体的にピタゴラス数を構成することができます。実際に確かめてみましょう。

$$
\begin{aligned}
(F_n F_{n+3})^2 + (2F_{n+1}F_{n+2})^2 &= (F_{n+2} - F_{n+1})^2(F_{n+2} + F_{n+1})^2 + 4F_{n+1}^2 F_{n+2}^2 \\
&= (F_{n+2}^2 - F_{n+1}^2)^2 + 4F_{n+1}^2 F_{n+2}^2 \\
&= (F_{n+2}^2 + F_{n+1}^2)^2
\end{aligned}
$$

となり、ピタゴラス数であることが示されました。少し別の視点からこの結果を眺めてみましょう。適当な自然数 $n > m$ について (a, b, c) を次のように定めます。

$$(a, b, c) := (n^2 - m^2, 2nm, n^2 + m^2)$$

このとき

$$a^2 + b^2 = (n^2 - m^2)^2 + (2nm)^2 = n^4 - 2n^2 m^2 + m^4 + 4n^2 m^2 = (n^2 + m^2)^2 = c^2$$

となります。つまり、意外にも簡単にピタゴラス数を作り出せることがわかります。

フィボナッチ数の平方和

次に、フィボナッチ数の平方和（2乗和）を考えてみましょう。実際にExcelで次のように計算できます。

①1番目のフィボナッチ数の2乗を計算しコピー

②SUM関数で和を計算しコピー

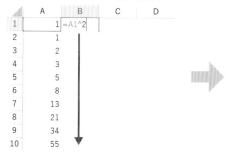

※カーソルをセルの右下に合わせて「+」とし、ダブルクリックをすると「隣の表の終わりまでコピー」されます（数式の自動計算 ON の状態の場合）。

演算	Excel の関数
A1 から A5 までの和	SUM(A1:A5)

図 1.44 フィボナッチ数の平方和の計算

図 1.44 のように、SUM関数の中の足しはじめの部分に絶対参照を付けることで、コピーしても固定されます（なお、今回の場合、「:」の前に半角スペースを入れておくと確実です）。つまり、コピーすることによって動くのは足し終わりの部分だけです。コピーが終わると**図 1.45** の右のような数が並びます。これは1番目のフィボナッチ数の平方数からの累積和を表します。また累積和の他の出力方法として次のような方法もあります。

①前の数に次の平方数を足し合わせてコピー

②1番目の平方数からの和が出力される

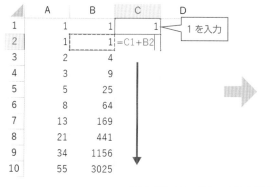

図 1.45 フィボナッチ数の平方和の計算　その2

つまり、2乗したものを次々と足していく操作です。操作としてはこちらの方がわかりやすく、入力も楽かもしれません。さて、計算された結果を並べてみます。

$$F_1^2 = 1^2 = 1$$

$$F_1^2 + F_2^2 = 1^2 + 1^2 = 2$$

$$F_1^2 + F_2^2 + F_3^2 = 1^2 + 1^2 + 2^2 = 6$$

$$F_1^2 + F_2^2 + F_3^2 + F_4^2 = 1^2 + 1^2 + 2^2 + 3^2 = 15$$

$$F_1^2 + F_2^2 + F_3^2 + F_4^2 + F_5^2 = 1^2 + 1^2 + 2^2 + 3^2 + 5^2 = 40$$

$$F_1^2 + F_2^2 + F_3^2 + F_4^2 + F_5^2 + F_6^2 = 1^2 + 1^2 + 2^2 + 3^2 + 5^2 + 8^2 = 104$$

一見複雑そうですが、この結果には次のような事実が知られています。

$$F_1^2 + F_2^2 + \cdots + F_n^2 = F_n F_{n+1}$$

　なんと、n 番目までの平方和は、n 番目と $n+1$ 番目のフィボナッチ数の積として計算されます。この公式は数学的帰納法（Mathematical induction）を使えば簡単に証明することができます。

証明. $n = 1$ の場合は明らかに正しいので、$n = k$ のとき正しいと仮定します。つまり

$$F_1^2 + F_2^2 + \cdots + F_k^2 = F_k F_{k+1}$$

が成り立っているとします。このとき、$n = k+1$ 番目までの平方和は

$$F_1^2 + F_2^2 + \cdots + F_k^2 + F_{k+1}^2 = F_k F_{k+1} + F_{k+1}^2 = F_{k+1}(F_k + F_{k+1}) = F_{k+1} F_{k+2}$$

となります。最後の等式はフィボナッチ数の漸化式 $F_{k+2} = F_{k+1} + F_k$ を使いました。このようにして $n = k+1$ の場合も公式が正しいことが示され、帰納的に全ての自然数 n に対して、公式が正しいことが証明できました。　　　　　　　　　　　□

　このような数式を使った証明もよいですが、この公式については数式のいらない証明も知られています。次の**図 1.46** を見てください。

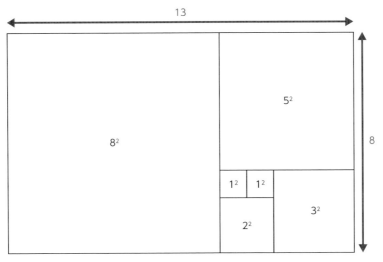

図 1.46　フィボナッチ数の平方和と面積

　フィボナッチ数の平方和とは、一辺の長さがフィボナッチ数の正方形の面積を順に足していくことと同じです。つまりそれは、フィボナッチ長方形の面積を求めることと同じなのです。この事実から公式が自然に成り立つことがわかります。

ゼッケンドルフの定理

　次に、与えられた数をフィボナッチ数だけの和で表すことを考えます。例えば22はフィボナッチ数の21と1の和で表せますが、

$$22 = 21 + 1 = 13 + 8 + 1 = 5 + 8 + 8 + 1 = \cdots$$

という具合に、フィボナッチ数である21自体も前2つのフィボナッチ数で表すことができるため、いろいろな表現が考えられます。そこで、「隣り合わないフィボナッチ数だけ」という条件を付けましょう。こうすることで、$21 = 13 + 8$といった分裂がなくなります。このような条件で数（自然数）を表現することを、ベルギーの数学者E. ゼッケンドルフ（Edouard Zeckendorf）（1901～1983）にちなみ、ゼッケンドルフ表現（Zeckendorf representation）といいます。そして、この表現に関して次のような驚くべき事実が知られています。

> **ゼッケンドルフの定理**
>
> どんな自然数に対してもただ1つのゼッケンドルフ表現が定まる。

　つまり、どんなに適当な数でも隣り合わないフィボナッチ数の和で表すことができ、しかもその表現は一通りしかないというのです。例えば先ほどの$22 = 21 + 1$はゼッケンドルフ表現になっており、実はこれ以外にゼッケンドルフ表現は存在しません。もう少しいろいろな数のゼッケンドルフ表現を見てみましょう。

$$31 = 21 + 8 + 2$$
$$43 = 34 + 8 + 1$$
$$53 = 34 + 13 + 5 + 1$$
$$77 = 55 + 21 + 1$$

ゼッケンドルフ表現の探し方は意外にも簡単で、与えられた数以下の最も大きなフィボナッチ数を見つけていくだけです。せっかくなので証明の概略を示しておきます。

証明. 自然数Nがフィボナッチ数のときはそれで終わりなので、Nはフィボナッチ数でないとします。このときNを挟みこむようなフィボナッチ数が必ず存在します。

$$F_n < N < F_{n+1}$$

つまり、N以下の最も大きなフィボナッチ数をF_nとします。このとき、NからF_nを引くと

$$N - F_n < F_{n+1} - F_n = F_{n-1}$$

となることが、フィボナッチ数の漸化式からわかります。つまり、$N - F_n$ 以下の最も大きなフィボナッチ数は F_{n-1} より小さな番号の（＝ F_n と隣り合わない）フィボナッチ数となります。これを繰り返していくと帰納的にゼッケンドルフ表現が得られることが示されます。　　　　　　□

また、このゼッケンドルフの定理はフィボナッチ長方形を使って可視化することができます。

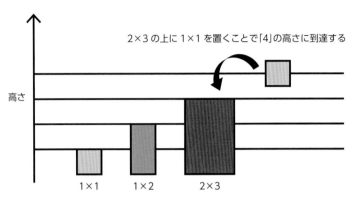

図 1.47　フィボナッチ長方形だけを使って、1 段ずつ高くしていく

最初は 1×1、次に 1×2、そして 2×3 の長方形を使って、1 段ずつ高くしていきます。これを繰り返していくと、次の**図 1.48** のようにフィボナッチ長方形が繰り返し現れる綺麗な模様が出来上がります。

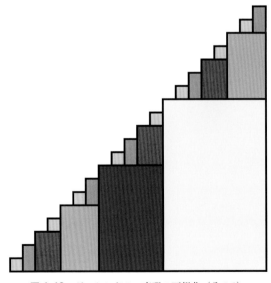

図 1.48　ゼッケンドルフ表現の可視化（その 1）

これは、各段の高さを隣り合わないフィボナッチ数の和で表す、ゼッケンドルフ表現そのものとなっています。この他にもゼッケンドルフ表現を用いたデザイン例として、**図 1.49** のような模様を作成しました。

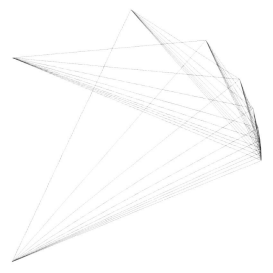

図 1.49　ゼッケンドルフ表現の可視化（その2）

　円周上に F_n 個の点を等間隔に配置します。始点を 0 番目とし、「1番目」の点に線を伸ばし、始点に戻します。次に「2番目」に線を伸ばし、始点へ。そして「3番目」に伸ばし、始点へ。ここまでは何をやっているのかわかりにくいですが、次は「4番目」ではなく、4のゼッケンドルフ表現である「4 = 1 + 3」を使います。つまり、始点から「1番目」、そして「3番目」につなげて始点に戻します。5 はフィボナッチ数なので「5番目」から始点に戻します。以降も同様にそれぞれのゼッケンドルフ表現の小さい数の順番で、F_n まで線を掛け続けていくことで**図 1.49** のような模様が出来上がります。

連分数表示

　続いての話題は「連分数」です。例えば、次のような割り算を考えましょう。

$$1 \div (2 + 3 \div 4) = \cfrac{1}{2 + \cfrac{3}{4}}$$

このように「入れ子」状態の分数として表すことができます。このように分数の中に分数が含まれるものを連分数（Continued fraction）といいます。この言葉を最初に導入したのはイギリスの数学者ジョン・ウォリス（John Wallis）（1616〜1703）といわれています。ウォリスはこの他に、無限大を表す記号「∞」を導入したことでも有名です。さてもう少しシンプルな連分数をいくつか計算してみましょう。

$$1 + \cfrac{1}{1 + \cfrac{1}{1}} = \frac{3}{2}, \qquad\qquad 1 + \cfrac{1}{1 + \cfrac{1}{1 + \cfrac{1}{1}}} = \frac{5}{3},$$

$$1 + \cfrac{1}{1 + \cfrac{1}{1 + \cfrac{1}{1 + \frac{1}{1}}}} = \frac{8}{5}, \qquad 1 + \cfrac{1}{1 + \cfrac{1}{1 + \cfrac{1}{1 + \frac{1}{1}}}} = \frac{13}{8}$$

何かお気づきでしょうか？　なんと、隣り合うフィボナッチ数の比になっているのです。連分数表示はやや表示にスペースを取ってしまうので、次のような記法が使われます。

$$a_0 + \cfrac{1}{a_1 + \cfrac{1}{a_2 + \cfrac{1}{\ddots \quad a_{n-1} + \frac{1}{a_n}}}} = [a_0, a_1, a_2, \dots, a_{n-1}, a_n]$$

この記法を用いると、$n \geq 1$に対して実は次が成り立ちます。

$$\underbrace{[1, 1, \dots, 1]}_{n \text{ 個}} = \frac{F_{n+1}}{F_n}$$

つまり、数列$\{a_n\}$が恒等的に1であるという最もシンプルな場合はフィボナッチ数になるのです。証明をしておきましょう。

証明. 数学的帰納法で示します。まず、$n = 1$の場合は正しいことが容易にわかります。また、$n = k$で正しいと仮定します。このとき

$$\underbrace{[1, 1, \dots, 1]}_{k+1 \text{ 個}} = 1 + \frac{1}{\underbrace{[1, 1, \dots, 1]}_{k \text{ 個}}} = 1 + \frac{F_{k-1}}{F_k} = \frac{F_k + F_{k-1}}{F_k} = \frac{F_{k+1}}{F_k}$$

となり、$n = k + 1$の場合も正しいことがわかります。これにより、任意の自然数で公式が成り立つことが証明されました。　　　　　　　　　　　　　　　　　　　　□

続いて、黄金比ϕを思い出しましょう。ϕは$\phi^2 = \phi + 1$を満たします。この両辺をϕで割ると

$$\phi = 1 + \frac{1}{\phi}$$

という等式が成り立ちます。分母にあるϕについても同じ等式が成り立つので、

$$\phi = 1 + \cfrac{1}{1 + \frac{1}{\phi}} = 1 + \cfrac{1}{1 + \cfrac{1}{1 + \frac{1}{\ddots}}}$$

となり、同じ状況が永遠と続きます。つまり、黄金比ϕは

$$\phi = [1, 1, 1, \dots]$$

という具合に、無限に続く連分数として表すことができます。この性質から、隣り合うフィボナッチ数の比は黄金比の連分数表示を有限個で止めたものとして捉えられます。なお、貴金属比も同様に連分数で考えることができます。N番目の貴金属比をϕ_Nと書くことにすると、ϕ_Nは2次方程式$x^2 - Nx - 1 = 0$を満たすことから

$$\phi_N = N + \frac{1}{\phi_N} = N + \cfrac{1}{N + \cfrac{1}{\phi_N}} = N + \cfrac{1}{N + \cfrac{1}{N + \cfrac{1}{\ddots}}}$$

となり、連分数の記号を使うと$\phi_N = [N, N, N, \ldots]$と表せます。さらに、フィボナッチ数に対応する貴金属フィボナッチ数（Metallic Fibonacci number）$M_n^{(N)}$も次のように定めることができます。

$$M_{n+2}^{(N)} = N M_{n+1}^{(N)} + M_n^{(N)}$$

ただし、$M_1^{(N)} = 1, M_2^{(N)} = N$とします。$N = 1$のとき、フィボナッチ数の定義に一致し、$N = 2$の場合、ペル数（Pell number）と呼ばれる有名な数列の漸化式に一致します。つまり、白銀比はペル数と対応しているわけです。さて、この数列$M_n^{(N)}$の比の極限はその作り方から明らかなように、貴金属比に収束します。

$$\lim_{n \to \infty} \frac{M_{n+1}^{(N)}}{M_n^{(N)}} = \phi_N$$

1.7 植物と黄金角

やってみよう

パイナップルの表面や松ぼっくりの松かさに注目すると、らせん構造が入っていることがわかります。よく見てみると、右向きと左向きの2種類のらせんが見て取れます。そこで、それぞれの方向のらせんが何本あるのか数えてみましょう。

図 1.50　パイナップルと松かさに見られるらせん構造

　他にも身の回りの花に注目してみます。桜やコスモス、ツワブキなどの花びらの枚数を数えてみましょう。どんな枚数が多いでしょうか？

図 1.51　桜の花（左）とコスモスの花（右）

▌葉の開度と黄金比

　植物の世界にも「黄金比」が関係しているといわれています。その詳しいメカニズムは日々研究されていますが、本書では黄金比が現れることを数学的なモデルを使って「証明」するのではなく、黄金比を使って観察するといろいろな説明がつくという部分を楽しみながら見ていくことにします。

図 1.52　散らばって生える葉の様子

　まずは葉の生え方に注目してみましょう。植物の葉の生え方はランダムではなく、おおよそ一定の角度で次の葉が生えるという構造になっています。このような次の葉とのなす角を開度 (Divergence) といいます。例えば、開度が θ の場合、最初の葉の位置から θ 回転した位置に次の葉が生え、次は 2θ の位置、その次は 3θ の位置、…となります。仮に開度が 60° であるとしましょう。すると、$60 \times 6 = 360$ であることから、7枚目でちょうど最初の葉と重なってしまいます（**図 1.53**）。

図 1.53　60° 間隔で葉が生えた場合、7枚目で1枚目と重なってしまう

　それどころか7枚目以降、最初の6枚の葉と全て重なってしまいます。このように葉が規則的に重なってしまうと、多くの植物にとって都合が悪くなってしまいます。

なるべく重ならないように

　植物は太陽の光を浴びて「光合成」を行います。これは「呼吸」のようなもので、植物にとって重要な役割を果たします。もし、葉が綺麗に重なっていたとすると、下の葉には光が差し込まず、光合成の効率が悪くなってしまいます。少なくとも植物にとっては「なるべく重ならない角度」の方が都合がよいことが多いようです。では、どんな開度がよいでしょうか？　例えば、1周 360° を自然数 m で割った開度の場合、必ず $m + 1$ 枚目の葉で1枚目と重なってしまいます。つま

り、$360 \times \dfrac{n}{m}$ の形の角度（n, m は自然数）はいつか必ず重なってしまいます。そこで、この形で書けないような数である「無理数」が候補として挙がってきます。確かに、無理数の開度の場合、「最初の葉と重なる」という状況は起こりません。これで一件落着かというとそうでもないのです。植物にはもう1つクリアしてほしい条件があります。

なるべく遠くに

葉を生やすのに植物はエネルギーを使います。もし、一度エネルギーを使った地点から近い位置に次の葉を生やそうとすると、エネルギー消費が偏ってしまいます。そのため、前の葉やさらにその前の葉と、ある程度距離をとっておく必要があります。なので、最初に一番遠くの180°程度回転させた地点に2枚目を生やしてしまうと、3枚目は1枚目にとても近くなってしまいます。

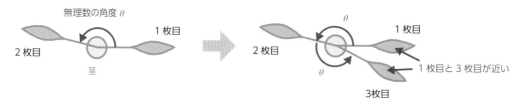

図 1.54 開度が広いと1枚目と3枚目が接近してしまう

葉の位置が偏ってしまうのも困りものです。ある程度葉の生える位置を分散させた方が植物にとっては都合がよいようです。実際に物理実験や簡単な数理モデルを使った考察も行われ、どうやら約137.5°の開度が最適に近いことがわかっています。実はこの値こそ、黄金比にまつわる角度となっています。

黄金角度

黄金比は無理数であり、その値は $\phi = \dfrac{1 + \sqrt{5}}{2} = 1.618\ldots$ でした。1周360°を $1 : \phi$ の黄金比で分割し、小さい方の角度を計算してみます。つまり

$$360 \times \frac{1}{1 + \phi} = 137.5077\ldots$$

と計算されます。この角度を**黄金角度**（Golden angle）と呼びます。

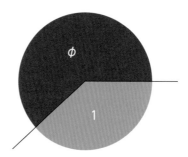

図 1.55 1周を $1 : \phi$ の黄金比で分割する

とてもシンプルに考えた結果、植物の最適な開度に黄金比が関係していたようです。もちろん、

これだけの話から「開度は必ず黄金角度である！」ということは説明できません。あくまで、モデルとしてうまく機能し、その他の現象についてもうまく説明がつくという程度です。さらにいうと、黄金比と無関係なタイプの植物も存在します。ここからはうまく説明がつくこの「黄金角度」を使い、様々な考察をしていくことにしましょう。

花びらの枚数について

桜やコスモス、ツワブキの花びらの枚数は、それぞれおおよそ5枚、8枚、13枚となっています。これらは全てフィボナッチ数になっていますが、なぜでしょうか？　葉の開度の仕組みと同様に、花びらの開く角度にも黄金角度を考えてみましょう。

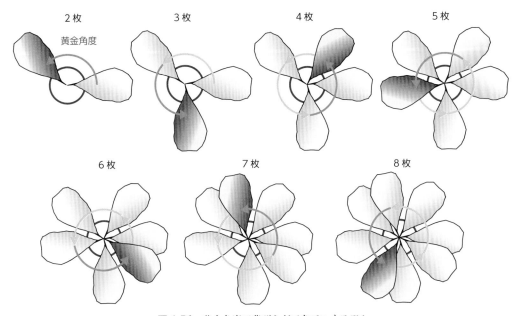

図 1.56　黄金角度で花びらができていくモデル

図 1.56のように、花びらがなるべく重ならないように伸びてくる様子が見えます。ここで、花びらの枚数ごとに「バランス」を見てみましょう。例えば、4枚の場合、右上に花びらがやや偏っています。しかし、この偏りは5枚目で解消されるように見えます。この後、6枚、7枚でバランスがやや崩れ、8枚目で解消されているように見えます。この続きを見てみましょう。

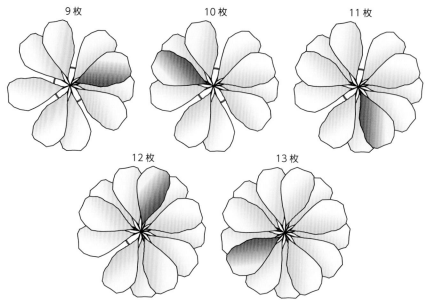

図 1.57　13枚目でバランスがとれる

　図 1.57のように、やはりフィボナッチ数である13枚目で明らかにバランスがとれていることがわかります。「バランスがとれている」ということは花びら同士のなす角のばらつき具合が小さいということを意味します。数値データのばらつき具合を表す指標として標準偏差（Standard deviation）があります。しかし、今回のような、各枚数のばらつき具合を比べるには標準偏差はあまりよくありません。理由は簡単です。花びらのなす角のデータは1周360°を分割しているので、花びらの枚数が多くなれば、当然なす角のデータ自体も小さくなります。そのため、標準偏差自体もだんだんと小さくなる傾向にあることが予想されます。データの大きさや単位、桁が違うもののばらつき具合を比べるには、標準偏差を平均値で割った変動係数（Coefficient of variation）が有効です。これにより、相対的なばらつき具合を表現できます。例えば、n枚の場合の花びら同士のなす角の標準偏差をs_nと表すことにします。なす角の総和は360°になることは明らかなので、平均値m_nは360°$/n$となります。したがって、n枚のなす角の変動係数c_nは

$$c_n = \frac{s_n}{m_n} = \frac{ns_n}{360°}$$

となります。23枚までのなす角の変動係数を折れ線グラフにしたものを**図 1.58**に示します。

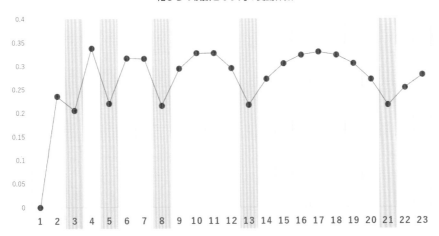

図 1.58　枚数がフィボナッチ数のとき、変動係数が極小になる

　グラフを見ると、確かに花びらの枚数がフィボナッチ数のとき、前後の変動係数に比べて小さくなっています。このような状況を数学では「最小」とはいわず、「極小（Minimal）」と表現します（「ごくしょう」ではなく「きょくしょう」です）。ここまでの観察をまとめてみます。開度が黄金角度であると仮定した場合、花びらの枚数がフィボナッチ数のときに比較的バランスがとれるのではないかということが予想できます。このことを、数学を使って説明していきましょう。

花びらのなす角とディオファントス近似

　変動係数 c_n が極小になる n がフィボナッチ数であることを示したいのですが、c_n を n の関数として考えると複雑になってしまいます。そこで、無理数を有理数で近似するディオファントス近似（Diophantine approximation）という視点で考えてみます。これはローマ帝国時代のエジプトの数学者ディオファントス（Diophantus）に由来しています。まず記号や記法の設定です。以降は角度を弧度法で表すことにします。つまり 1 周の $360°$ は 2π で表現します。黄金角度は $\dfrac{2\pi}{1+\phi}$ と表現できますが、逆回転に対応する $\dfrac{2\pi\phi}{1+\phi} = 222.5\ldots$ を黄金角度と呼ぶこともあり、後者をギリシャ文字 τ で表すことにします。黄金比 ϕ に対し $1 + \phi = \phi^2$ が成り立つので、

$$\tau = \frac{2\pi\phi}{1+\phi} = \frac{2\pi\phi}{\phi^2} = \frac{2\pi}{\phi}$$

と表現できます。この回転の逆向きが $137.5\ldots$ なので、開度を議論する際は τ を考えれば十分です。

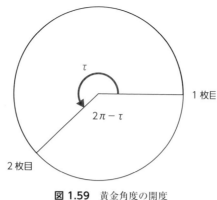

図 1.59　黄金角度の開度

　では、1枚目から角度τの規則で2枚目、3枚目、4枚目、…と増やしていき、最小のなす角が更新される様子を見ていきましょう。

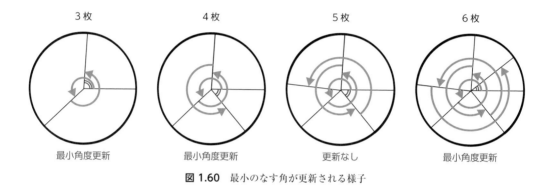

図 1.60　最小のなす角が更新される様子

　図 1.60 のように、最小が更新されるのは1枚目とのなす角になっていることがわかります。もし、最小の更新が1枚目でなく、n枚目と$n+m$枚目のなす角だったとしましょう。すると、開度は一定なので、n枚目と$n+m$枚目のなす角と1枚目と$m+1$枚目のなす角は等しく、$m+1$枚目ですでに最小が更新されていることになり矛盾します。以上の考察から、最小の更新は必ず1枚目とのなす角になります。

> 開度が一定の場合、なす角最小の更新は1枚目との間となる。

　例えば、$n+1$枚目と1枚目のなす角を考えるということは、$n\tau$と$2\pi m$との差がπ未満になるときを考えることに他なりません。また、最小のなす角が更新されることで、バランスが崩れるので、バランスが崩れる手前の枚数に注目します。つまり、$n+1$枚目でなす角最小が更新されたとき、n枚目でバランスがとれていることになります。さて、実際に$|n\tau - 2\pi m|$が最小になるような$n, m \in \mathbb{N}$を考えていきましょう。

$$|n\tau - 2\pi m| = \frac{2\pi}{\phi}|n - m\phi| = \frac{2\pi}{m\phi}\left|\phi - \frac{n}{m}\right|$$

であることから、無理数である黄金比 ϕ をうまく近似できる有理数 n/m を求める問題に帰着します。ここからはディオファントス近似の有名な事実を使って考えていきましょう。「無理数を有理数で近似する」というもののわかりやすい例は円周率の近似です。例えば、$22/7 = 3.142857\ldots$ は、円周率 π （$= 3.1415926535\ldots$）を小数第2位まで正しく表現できています。分母が7より小さいどんな有理数をとってきても、これよりよい近似はできません。しかし、分母を7より大きくすると、例えば $355/113 = 3.14159292\ldots$ となり、なんと小数第6位まで正確に近似できます。これは最良の有理数なのでしょうか？　実はドイツの数学者ヨハン・ペーター・グスタフ・ルジューヌ・ディリクレ（Johann Peter Gustav Lejeune Dirichlet）（1805〜1859）によって次のような事実が示されています。

> ### ディリクレのディオファントス近似定理
>
> どんな無理数 α に対しても
>
> $$\left| \alpha - \frac{n}{m} \right| < \frac{1}{m^2}$$
>
> を満たす自然数 n, m は無限に存在する。

つまり、有理数を使った無理数のよい近似はいくらでも存在することが保証されます。ここで「よい近似」についてしっかりと考えてみましょう。分母を大きくすればいくらでもよい精度の近似ができます。そこで、「分母が1以上 m 以下である有理数の中で最良の近似」を考えることにします。実は、このようなよい近似は連分数展開を途中で切って得られることが知られています。黄金比の連分数展開は

$$\phi = [1, 1, 1, 1, \ldots]$$

でした。そして、これを途中で切った有限の連分数は、

$$\underbrace{[1, 1, \ldots, 1]}_{n+1 \text{ 個}} = \frac{F_{n+1}}{F_n}$$

であることを1.6節で述べました。つまり、黄金比のよい近似は隣り合うフィボナッチ数の比 F_{n+1}/F_n だったのです。これまでの考察により、フィボナッチ数 F_{n+1} 枚目で花びらはバランスがとれ、次にバランスがとれるのは F_{n+2} 枚目となることがわかります。なお、黄金比と隣り合うフィボナッチ数の比との差に関しては、ビネの公式を使って次のように計算ができます。

$$\begin{aligned}
\phi - \frac{F_{n+1}}{F_n} &= \phi - \frac{\phi^{n+1} - (-\phi)^{-n-1}}{\phi^n - (-\phi)^{-n}} = \frac{\phi^{n+1} + (-\phi)^{-n+1} - \phi^{n+1} + (-\phi)^{-n-1}}{\phi^n - (-\phi)^{-n}} \\
&= \frac{(-1)^{n+1} \phi^{-n} (\phi + \phi^{-1})}{\sqrt{5} F_n} \\
&= \frac{(-1)^{n+1}}{\phi^n F_n}
\end{aligned}$$

隣り合うフィボナッチ数の比が黄金比に近づいていくことはすでに説明しました。上の結果を見て
みると、符号 $(-1)^{n+1}$ からわかるように、黄金比と隣り合うフィボナッチ数の比は交互に上下関係
が入れ替わります。例えば、1.615、1.619、1.617 のように黄金比（$\phi = 1.61803\ldots$）の上下を行き
来して近づくことを表しています。これはなす角の話でいうと、1 枚目とのなす角の最小が更新さ
れる位置が、1 枚目の前後に交互に現れることを意味します。

ひまわりの種の配置

　ここまで、理想的なモデルとして葉や花びらの開度に黄金角度を使って考えてみました。ここで
は、ひまわりの種のつき方についても黄金角度を使って考察してみます。花びらと同様に**図 1.61**
のようなモデルを考えます。

点が増えるたびに 1 段ずつ外側に移動する

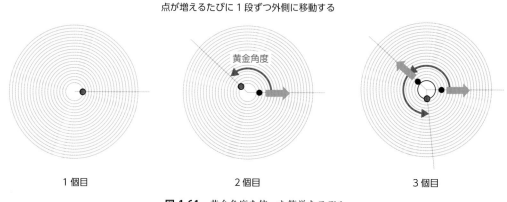

| 1 個目 | 2 個目 | 3 個目 |

図 1.61　黄金角度を使った簡単なモデル

　種を点で表します。1 個目の点から黄金角度回転した位置で 2 個目の点が出現します。そして、2
個目の点ができる頃には 1 個目の点が外側に移動するという仕組みを考えます。つまり、新しい点
が中央から出現するたびに、全ての点は角度を保ったまま一定の距離だけ外側に移動していきま
す。この操作を繰り返していくことで、ひまわりの種の配置に近い模様が出来上がります。例えば
200 個の点まで観察すると、**図 1.62** のような模様になります（Excel を使った模様の作成方法は第
3 章で解説します）。

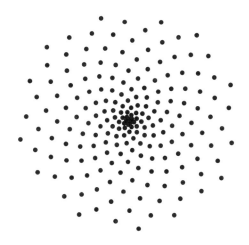

図 1.62　Excelを使ったシミュレーション

　さて、説明のため20個の点で考えてみます。よく見てみると、次のように2種類のらせんが見え
てきます。

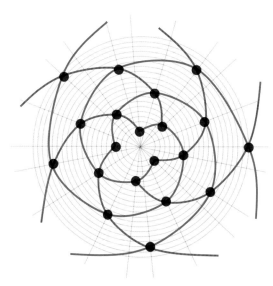

図 1.63　赤のらせんが5本、青のらせんが3本

　図1.63のように反時計回りのらせん（赤）が5本と時計回りのらせん（青）が3本見えてきま
す。5と3といえば、隣り合うフィボナッチ数です。これは偶然ではありません。1.7節で花びらの
なす角について考察し、花びらのバランスが崩れる様子を、1枚目との「なす角最小の更新」として
捉えました。この結果を使って、まず反時計回りの5本のらせんが現れることを説明します。例え
ば、1個目と6個目のなす角は6個目までの全てのなす角の中で最小となります。この角度は2個目
と7個目のなす角、3個目と8個目のなす角、…という具合に、1つずつずれて現れます。そこで、
最初の5個の点を結び、**図1.64**の右のような五角形を考えます。この五角形が「1個目と6個目の

なす角」だけ回転し小さくなっていく様子がわかります。こうしてできた五角形の頂点をそれぞれ結ぶと、**図1.64**の左のように5本のらせんが出来上がります。

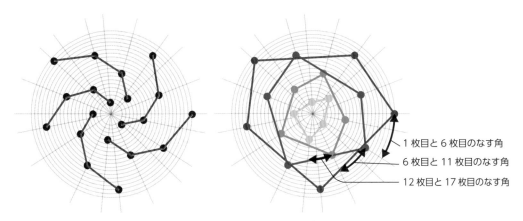

図1.64　5本のらせんと五角形

　同様に、「1個目と4個目のなす角」について考えます。1.7節の考察から、なす角最小が更新される位置は1個目の前後に、交互に現れます。これにより、五角形の場合とは逆向きに三角形が描け、対応する3本のらせんが出来上がります（**図1.65**）。

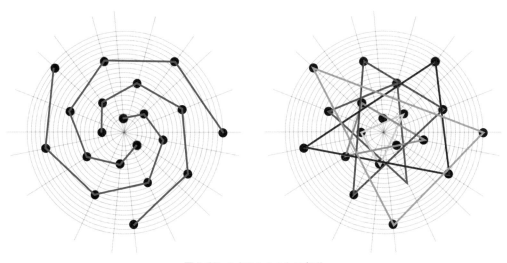

図1.65　3本のらせんと三角形

　こうして、隣り合うフィボナッチ数本の2種類のらせんが逆向きで現れることがわかりました。

第 **2** 章

幾何学模様の数理

この章では、幾何学模様に関する話題を扱います。デザインやアートの世界で、モチーフとして多用される「幾何学模様」。その数学的な性質や美しさを理解することで、いままでと全く違った視点が得られるかもしれません。本節ではまず、身近でありながら奥の深い「折り紙」の世界について解説し、後半では「繰り返し（パターン）模様」について解説していきます。

2.1　折り紙の歴史

折り紙といえば、日本を代表する「ものづくり芸術」の 1 つであり、古くから知られています。7世紀頃には大陸から紙が伝わったといわれていますが、すぐに折り紙の文化ができたわけではありません。そこからしばらくの間は、ものを綺麗に包むことや、雌蝶雄蝶といった儀礼として用いられてきました。江戸時代になると、庶民の間にも紙が普及し、折って動物やものの形を作るといった「ものづくり」として発展していきます。1797 年には様々な千羽鶴の折り方などを記した、「秘伝千羽鶴折形」という折り紙本が出版されました。これは現在確認されている世界最古の折り紙の本だといわれています。明治時代になり、洋紙の普及によって学校教材などにも折り紙が取り入れられ、広く親しまれるようになりました。現代では様々な折り方や技術が考案され、緻密な作品や曲線に沿った「曲線折り」など、新しい折り紙の世界が広がりつつあります。また、折り紙の構造を理解するために数学的な視点で研究する「折り紙数学」といった分野もあります。この章の前半では、数学的な視点で考える折り紙の世界を紹介していきます。

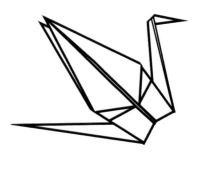

図 2.1　折り鶴の展開図を使ったデザイン

2.2 折り紙と幾何学

ここでは、折り紙と幾何学に関する話題を紹介していきます。折り紙は「折る」という操作によって、点の位置を反射させます。つまり、折れ線を軸として「線対称な図形」が出来上がります。こうした幾何学的な視点から、長さを測ることなく、「折る」という操作によって様々な問題を解決することができます。実際に折り紙と幾何学に関する話題をいくつか見ていきましょう。

折り紙の等分問題

まずは次のような問題を考えます。

> **折り紙の等分問題**
> 1枚の正方形の折り紙があります（長方形でも構いません）。この折り紙を定規で測ることなく、5等分に折り線を入れてください。

図 2.2 定規を使わずに折り紙を5等分する

5等分の解法

与えられた長さのものを2等分することは比較的簡単ですが、5等分となると、長さを測らない限りとても難しい問題のように思えます。しかし、折り紙の場合、折るという操作だけで、紙を正確に5等分することができます。実際にやってみましょう。まず、折り紙を半分に折り、2等分します。半分にする操作を3回繰り返すことで、一辺の長さを8等分する平行線ができます。このよ

うに、「半分にする」という操作は理論上（紙の厚みを考えなければ）何度でも行うことができ、2^n 等分は可能であることがわかります。

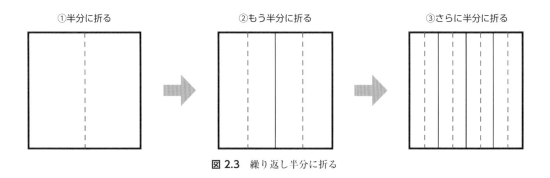

①半分に折る　　②もう半分に折る　　③さらに半分に折る

図 2.3　繰り返し半分に折る

次に、**図 2.4** のように、点 A と点 B を端点として折り線を入れます。このとき、A と B の間に 4 つの交点ができるはずです。

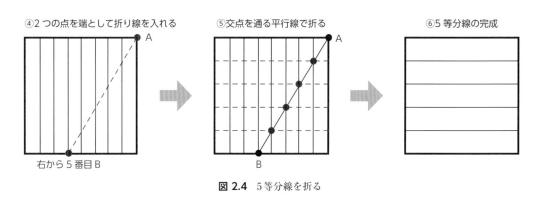

④2 つの点を端として折り線を入れる　　⑤交点を通る平行線で折る　　⑥5 等分線の完成

右から 5 番目 B

図 2.4　5 等分線を折る

この交点をそれぞれ通るような平行線を引く（折る）と、これが 5 等分線となります。

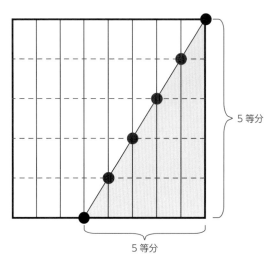

5 等分

5 等分

図 2.5　直角三角形の相似を考えると 5 等分されていることがわかる

　これが5等分線になる理由は、三角形の相似から説明できます。**図2.5**の直角三角形（青）は、底辺は8等分されているうちの5つを使っているので、確実に5等分になっています。これに対応して、最後に折った平行線も5等分されていることがわかります。では「7等分」を考えてみましょう。先ほどは右から5番目の位置に点Bを置きましたが、右から7番目の位置を考えれば、上と同じ要領で解決できます。では、「11等分」の場合はどうでしょう？　同じような操作で解決するには、修正をしなくてはいけません。最初に8等分した部分をもう半分折ることで、縦に16等分しておきます。そして右から11番目の位置を端点と考えれば、同様の流れで11等分ができます。

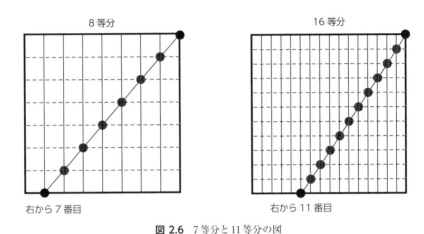

8等分　　　　　　　　　　　　　16等分

右から7番目　　　　　　　　　　右から11番目

図 2.6　7等分と11等分の図

　このような考察から「折り紙は何等分でも可能」であることがわかります。例えば、n等分したいとき、$n < 2^N$なる自然数Nを1つ用意し、折り紙を2^N等分します。これは「半分に折る操作」をN回繰り返すだけなので、最初に説明した通り、理論的には可能です。そして右からn番目の位置と右上の点を結びます。このときできる交点を通る線が、n等分線となります。以上をまとめてみましょう。

> 任意の自然数nに対して、折り紙はn等分可能（つまり、折り紙は何等分でもできる）。

5等分の解法（その2）

　次に、5等分割の別の方法を紹介します。こちらの操作は、折る回数を先ほどよりも減らすことができます。ポイントは、「5分の1」の長ささえわかれば、それを基準に折ることで「5等分」が得られるという点です。そこで、「5分の1の長さを手に入れること」を目標にします。まず、折り紙を4等分します。そして、**図2.7**のような2つの折り線を付けます。

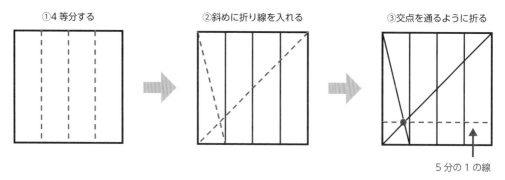

①4 等分する　　②斜めに折り線を入れる　　③交点を通るように折る

5 分の 1 の線

図 2.7　一辺の長さの 5 分の 1 の線を引く

こうしてできた交点の高さこそが、一辺の長さの 5 分の 1 となります。この理由は**図 2.8** のように平行線と三角形の相似を使って説明できます。上の三角形と下の三角形の相似比が 4：1 であることから、交点を通る平行線 l は 5 分の 1 の位置を表します。

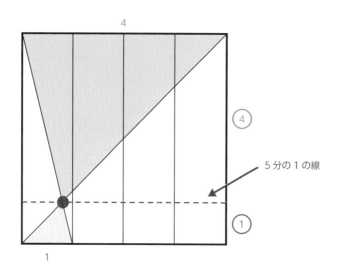

4

④

5 分の 1 の線

①

1

図 2.8　緑と青の三角形が相似であることから 5 分の 1 の線であることがわかる

この操作の一般化を考えましょう。例えば、最初に 2^N 等分します。このとき、$n \leq m \leq 2^N$ に対して**図 2.9** のような線を考えます。

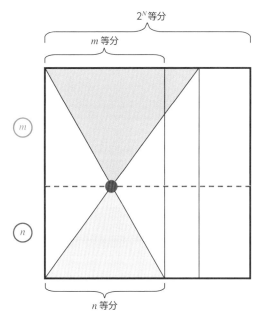

図 2.9 一辺を $m:n$ に内分する点を折る

先ほどと同じように、緑と青の三角形は相似であることから、赤い平行線は折り紙の縦を $m:n$ に内分する線になっています。2^N はいくらでも大きく考えられるので、任意の $n, m \in \mathbb{N}$ に対して、折り紙を $m:n$ に内分する線を手に入れることができます。

芳賀の定理

先ほどの話から、折り紙は何等分でも折れることがわかりました。例えば3等分することも、どちらの解法を使っても簡単に実現可能です。しかし、ここでは3等分に関する別の方法として芳賀の定理を紹介します。まず正方形の折り紙を半分に折ります。

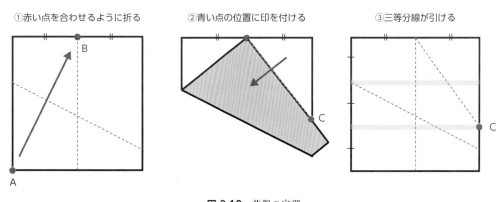

図 2.10 芳賀の定理

図 2.10 のように、左下の赤い点Aを、中点である点Bに重ねるように折ります。このとき、点Cの位置は、一辺を2:1に内分する点となります。よって点Cを通り、底辺と平行な線を折るこ

とにより、3等分線を作成することができます。これを芳賀の定理といい、**芳賀和夫（1934〜）**により発案されました。点Cがなぜ一辺を2：1に内分する位置なのかは、見た目だけではなかなか難しいのでしっかり証明してみることにします。

芳賀の定理の証明

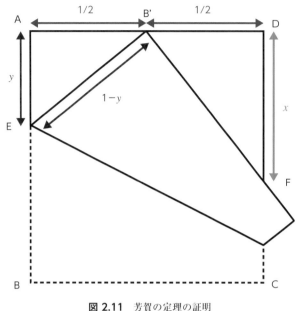

図 2.11　芳賀の定理の証明

　まず、**図 2.11**の三角形AEB'と三角形DB'Fについて考えます。$\angle$EB'F$= 90°$なので、

$$\angle AB'E + \angle DB'F = 90° \iff \angle AB'E = 90° - \angle DB'F$$
$$= 90° - (90° - \angle DFB')$$
$$= \angle DFB'$$

であることがわかります。これにより、対応する2つの角度が等しいので、三角形AEB'と三角形DB'Fは相似であることがわかります。次に、この折り紙の一辺の長さを1とし、現時点で不明なDF$= x$, AE$= y$を求めていきます。EB'=EB$= 1 - y$であることから、直角三角形AEB'に対して三平方の定理を使うと

$$\left(\frac{1}{2}\right)^2 + y^2 = (1 - y)^2 \iff \frac{1}{4} = 1 - 2y \iff y = \frac{3}{8}$$

となります。これにより、三角形AEB'と三角形DB'Fの相似比は$\frac{3}{8} : \frac{1}{2}$であることがわかります。よって、

$$\frac{1}{2} : x = \frac{3}{8} : \frac{1}{2} \iff x = \frac{2}{3}$$

となり、点FはDCを2：1に内分する点であることがわかりました。そのため、DFを半分に折ることで、3等分線を折ることができます。

芳賀の定理の一般化

芳賀の定理では、一辺を2等分した点の情報から3等分線を作成することができました。これを一般化してみましょう。図のように一辺の長さを1とし、左から$1/n$の位置にBを重ねた状況を考えます。

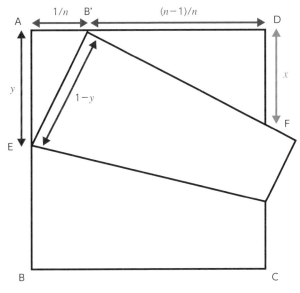

図 2.12 芳賀の定理の一般化

先ほどと同様の議論で三角形AEB'と三角形DB'Fが相似であることがわかります。次にAEの長さyを求めていきます。直角三角形AEB'に対して三平方の定理を使い、

$$\left(\frac{1}{n}\right)^2 + y^2 = (1-y)^2 \iff y = \frac{n^2-1}{2n^2}$$

となります。三角形の相似より AE:AB'=DB':DF となるので、

$$\frac{n^2-1}{2n^2} : \frac{1}{n} = \frac{n-1}{n} : x \iff x = \frac{2}{n+1}$$

この結果により、辺DFを半分に折ることで、一辺を$n+1$等分する線を折ることができます。つまり、n等分の情報があれば、$n+1$等分が実現できることがわかりました。したがって、この方法でも、折り紙は理論上何等分でも折れることがわかります。

角の3等分線

続いて次のような問題を考えてみます。

角の3等分問題

目盛りのない定規とコンパスのみを使って、与えられた任意の角度を3等分してください。

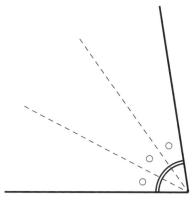

図 2.13　角の3等分

　この問題は古代ギリシャの時代から考えられ、ギリシャの三大作図問題の1つとして知られています。残りの作図問題は「与えられた立方体のちょうど2倍の体積の立方体を作図せよ」（立方体倍積問題）、「与えられた円と同じ面積の正方形を作図せよ」（円積問題）というものです。どれも比較的イメージはしやすい内容ですが、2000年以上もの間、未解決となっていました。

体積が2倍の立方体を作図せよ（立方体倍積問題）

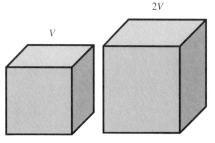

面積が同じ正方形を作図せよ（円積問題）

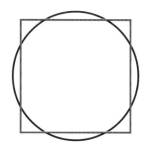

図 2.14　立方体倍積問題と円積問題

　「角の3等分問題」と「立方体倍積問題」は1837年にフランスの数学者ピエール・ローラン・ヴァンツェル（Pierre Laurent Wantzel）（1814〜1848）によって、「円積問題」は1882年にドイツの数学者フェルディナント・フォン・リンデマン（Carl Louis Ferdinand von Lindemann）（1852〜1939）によって全て否定的に解決されました。つまり、ギリシャの三大作図問題は全て不可能であることが証明されたのです。なお、リンデマンは、円周率πが超越数（transcendental number）であるということの証明（リンデマンの定理）の帰結として円積問題を解決しました。超越数と

は、有理数を係数とする次のような代数方程式

$$x^n + a_{n-1}x^{n-1} + \cdots + a_1 x + a_0 = 0$$

の解にならないような複素数（実数も含む）のことをいいます。このように、作図可能かどうかの問題は代数学的に取り扱うことができ、とても奥の深い世界が広がっています。「角の3等分問題」も否定的に解決されたわけですが（ここで「作図不可能である」とは、「一般に作図できない」という意味です。90°のような特定の角度においては作図可能なこともあります）、実は折り紙を使うことで任意の角度の3等分が作図可能となります。

折り紙を使った角の3等分

ここで考える角度θは90°以下とします。θ ≥ 180°の場合、逆側の3等分に帰着でき、90° < θ < 180°の場合は半分の角θ/2の3等分を考えれば十分になります。次の図のように折り紙の端に適当な角度を用意します。これから紙を折るだけで、この角度を3等分していきます。

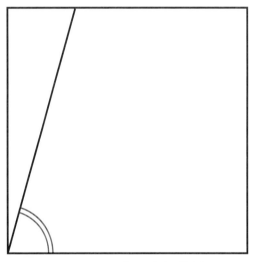

図 2.15　折り紙を使って角を3等分する

まずは、**図 2.16**の左のように同じ幅の平行線を入れます。この平行線はFG＝GBであれば適当で構いません。そして**図 2.16**の右のように点Fと点Bを、それぞれの線上に乗るように折ります。このような折り方は必ず一通りに決まります。

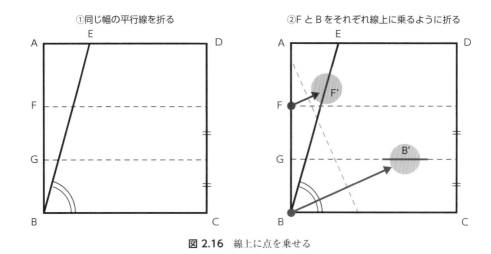

図 2.16 線上に点を乗せる

このとき、**図 2.17** の G' と K を結ぶ線の延長線上に B があり、KB と B'B は ∠EBC を 3 等分する線になっています。

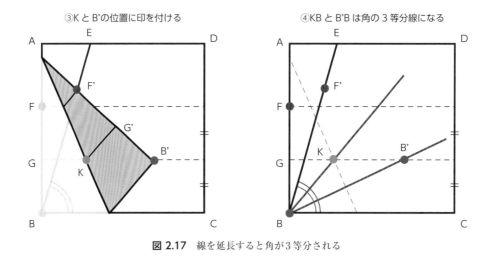

図 2.17 線を延長すると角が 3 等分される

このようなやり方で、90° 以下の任意の角度の 3 等分線を折り紙で折ることができます。

3等分線であることの証明

次に、先ほどの方法が正しく角度を3等分していることを、**図 2.18** を使って簡潔に証明していきます。

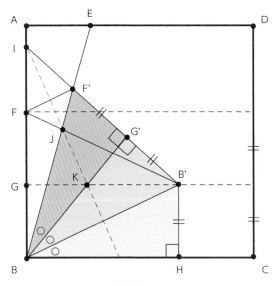

図 2.18 3等分線であることの証明

図 2.18 の中の三角形 BF'G'、三角形 BB'G'、そして三角形 BB'H の3つが全て合同であることを示せば十分です。まず、FG=GB=B'H であることから F'G'=B'G'=B'H がわかります。また、∠BG'F'= ∠BG'B'= ∠BHB'= 90° であることもただちにわかります。この時点で、BG' を共有していることから、三角形 BF'G' と三角形 BB'G' が合同であることがわかります。次に、三角形 IBB' を考えます。折り返しの構造から、直線 IJ で線対称になっていることがわかります。これにより、∠IBB'= ∠G'B'B が成り立ちます。また、BG と HB' は平行であるので、∠HB'B= ∠IBB' となります。したがって、∠HB'B= ∠G'B'B が示され、三角形 BB'H と三角形 BB'G' が合同であることがわかりました。これにより、∠EBC は3つの合同な三角形により3等分されていることが示されました。

2.3　折り紙と黄金比

折り紙で黄金長方形を折る

　通常の折り紙は正方形で、黄金長方形ではありません。しかし工夫して折ることで、黄金長方形を折ることができます。黄金長方形とは $1:\phi$ の長方形で、$\phi = \dfrac{1+\sqrt{5}}{2}$ でした。ポイントになるのは、展開図の中に $1:\sqrt{5}$ という比を作ることです。

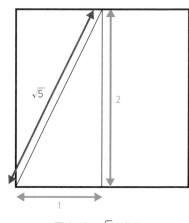

図 2.19　$\sqrt{5}$ を作る

　図 2.19 のように底辺：高さが $1:2$ の直角三角形があれば、三平方の定理より、斜辺の長さは底辺の $\sqrt{5}$ 倍となります。もう 1 つのポイントは、

$$1 : \frac{1+\sqrt{5}}{2} = 2 : 1+\sqrt{5} = \frac{2}{1+\sqrt{5}} : 1 = \frac{\sqrt{5}-1}{2} : 1$$

という式変形です。直接黄金比 ϕ を作るのではなく、$\sqrt{5}-1:2$ という比を作ることを目指します。折り紙の一辺の長さを仮に 2 とします。このとき、斜辺の長さ $\sqrt{5}$ から 1 を引いた長さを実現するために、次のように折り紙を折っていきます。

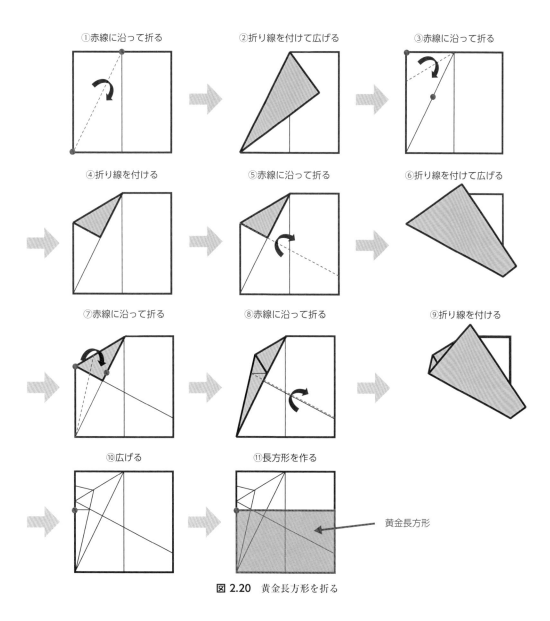

①赤線に沿って折る ②折り線を付けて広げる ③赤線に沿って折る

④折り線を付ける ⑤赤線に沿って折る ⑥折り線を付けて広げる

⑦赤線に沿って折る ⑧赤線に沿って折る ⑨折り線を付ける

⑩広げる ⑪長方形を作る

黄金長方形

図 2.20 黄金長方形を折る

この折り方でできる赤い部分の長方形は黄金長方形となります。もう少し詳しく見ていくと、**図 2.21** のように、斜めの長さ $\sqrt{5}$ から、辺の半分の長さ 1 を除いた $\sqrt{5}-1$ を作ります。そしてこの長さを折ることで、折り紙の縦の辺に記録します。こうして、辺の長さが $\sqrt{5}-1$ と 2 の長方形が得られ、これは先ほどの式変形の考察から黄金長方形であることがわかります。

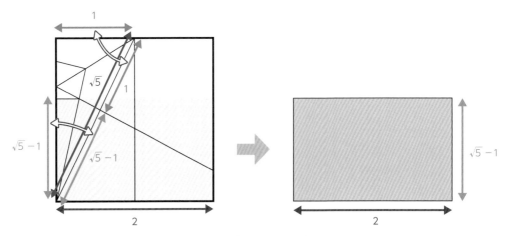

図 2.21　黄金長方形を折る仕組み

2.4　平坦折り紙の理論

　折り紙の分野の1つに、「平坦折りの理論」というものがあります。平坦折り（Flat fold）とは、直線の折り線に沿って紙が平らに折れるような折り方のことを指します。例えば、空気を入れて「膨らませる」ことや、立体化させる操作は考えません。実際に紙を適当に折り畳み観察してみましょう。

やってみよう

　折り紙を一度適当に折り畳み、広げてみます。このときできた折り線や、交点について何か規則があるか観察してみましょう。

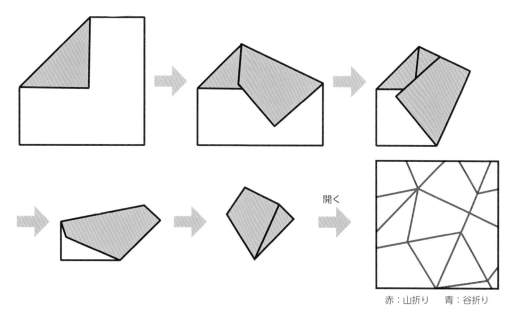

赤：山折り　青：谷折り

図 2.22　折り紙を適当に折り畳み、広げてみる

展開図に隠された法則

　平坦折りされた折り紙の展開図に対して、いくつかの幾何学的性質があります。その性質を説明するためにいくつか用語を準備します。まず、展開図の山折りと谷折りの線を区別せず、全て実線で書いた図形のことを形式的折り線図と呼びます。また、正方形の内部において折り線の交わる点を頂点（vertex）、また各頂点に対し、その頂点から伸びている折り線の本数をその頂点の次数（degree）と呼ぶことにします。そして、次数が奇数のとき奇頂点、偶数のとき偶頂点と呼ぶことにします。例えば**図 2.22**で折った平坦折りの形式的折り線図を考えましょう（**図 2.23**）。頂点Aの次数は6で、その他の頂点の次数は全て4となり、偶頂点です。

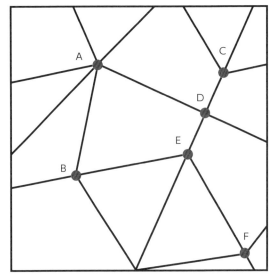

図 2.23　頂点の次数を観察する

　他の折り方をして同様に頂点の次数を調べても、偶頂点しか現れません。実は次のような幾何学的性質を持ちます。

平坦折りの性質（その 1 ）

　平坦折りにおける形式的折り線図の全ての頂点は偶頂点である。

　確かに先ほどの例では全ての頂点の次数は 4 以上で、偶数のものしかありません。気になる場合はもう一度折り紙を折り畳んで確認してみましょう。必ずこの性質を満たします。

　また、平坦折りの展開図については次のような性質も知られています。

平坦折りの性質（その 2 ）

　各頂点周りのなす角を 1 つ飛ばしで足し合わせると必ず 180° となる。

　確かめてみましょう。次数が 4 の頂点については、鏡反射の関係になっており、和が 180° であることはすぐに確認できます。次数が 6 である頂点 A に注目してみましょう。

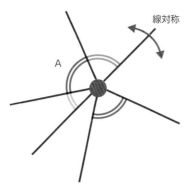

図 2.24 次数6の頂点 A 周りの角度

1本の線を軸として線対称になっているので、青色の部分の角度が**図 2.24**のように一致します。そのため、1つ飛ばしの角度の和である、黄色、青、緑の角度の合計が180°となることを確認できます。

もう1つの特徴を述べるために、「山折り」と「谷折り」の情報を追加しておきます。例えば、先ほどの例で使った展開図に対して、山折りを赤、谷折りを青とします（**図 2.25**）。このとき次の性質が成り立っています。

平坦折りの性質（その3）

頂点周りの山折りの線と谷折りの線の本数の差は常に2となる。

実際に確認してみると、確かに差は2となっています。

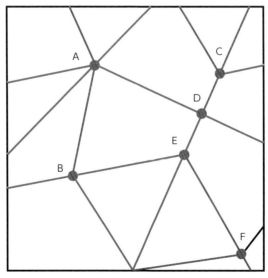

図 2.25 頂点の次数を観察する

各性質の証明

　平坦折りの展開図について成り立つ性質を3つ紹介してきました。詳しくは折り紙の専門書を参考にしていただきたいのですが、ここで簡潔にその証明を記していきます。まず注意したいのが、「性質（その3）」が説明できれば、「性質（その1）」がただちに導ける点です。具体的に、ある頂点から山折りの線が R 本、谷折りの線が V 本出ていたとします。このとき、この頂点の次数は $R + V$ です。もし、性質（その3）が正しいとすると

$$R - V = \pm 2 \iff R + V = 2V \pm 2$$

となり、頂点の次数は偶数であること、つまり性質（その1）が示されます。そこで、いまから性質（その2）と（その3）の証明をしていきます。このような問題は各頂点周りにのみ注目すればよいので、頂点周りの「円形折り紙」というものを考察します。

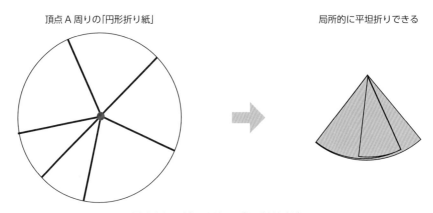

頂点 A 周りの「円形折り紙」　　　　局所的に平坦折りできる

図 2.26　頂点 A 周りの「円形折り紙」

　平坦折りが可能であることから、頂点周りの円形折り紙は**図 2.26**のように折り畳むことができます。まずは性質（その3）から証明していきます。まず、円形折り紙を折り畳んでできる扇形を**図 2.27**のように下から見ると、広い意味で多角形になっています。頂点周りの山折りの線が R 本、谷折りの線が V 本出ているとすれば、$R + V$ 角形ができているはずです。さて、この多角形の内角を考えてみると、山折りの点（図の赤点）は360°、谷折りの点（図の青点）は0°となっています。折り紙を反転させると、立場が逆になることに注意します。

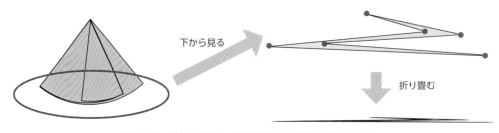

下から見る　　　　折り畳む

図 2.27　頂点 A 周りの「円形折り紙」（下から見た場合）

　一般に n 角形の内角の和は $(n - 2) \times 180°$ であることから、

$$R \times 360° + V \times 0° = (R + V - 2) \times 180° \iff V - R = 2$$

となることがわかります。なお、折り紙を裏返すことで、山折りと谷折りの本数は入れ替わるので、$V - R = -2$ ともなり得ます。したがって、山折りと谷折りの本数の差は2であることがわかり、同時に頂点の次数が偶数であることが示せました。これにより、平坦折りの展開図におけるどんな頂点周りも偶数個のなす角を持つことがわかるので、なす角を「1つ飛ばし」で捉えられることが保証されました。

最後に性質（その2）を示しましょう。円形折り紙上の点の1つを基点とし、そこから1周移動することを考えます。そして、このとき折り畳んだ状態で点がどのように移動するかを**図 2.28** にまとめました。

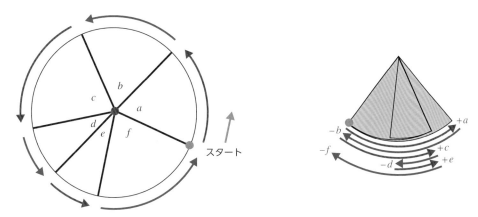

図 2.28 円周上の点の移動と、折り畳まれた図における点の移動

折り線をまたぐたびに、対応する折り畳んだ図では方向が逆になり、最終的に元の位置（緑の点）に戻ります。つまり、角度の関係は

$$a - b + c - d + e - f = 0 \Rightarrow a + c + e = b + d + f$$

となることがわかり、1周が360°であることから、$a + c + e = b + d + f = 180°$ であることが示されました。以上の考察は、どんな平坦折りの展開図における頂点周りにおいても同様に成り立ちます。よって、平坦折りの展開図においては、各頂点周りの1つ飛ばしのなす角の和は必ず180°となることが示されました。なお、1つの頂点における円形折り紙において、この条件は必要十分条件であることが知られています（川崎-ジュスタンの定理）。つまり、1つ飛ばしのなす角の和が180°であれば、円形折り紙は平坦折り可能となります。これは頂点周りの局所的な必要十分条件であることから「局所平坦条件」とも呼ばれています。しかし、今回紹介した3つの性質を満たしているからといって、その折り紙全体として平坦折り可能であるとは限りません。折り線図が条件を満たしていなければ平坦折り不可能であることはすぐに証明できますが、与えられた条件を満たす折り線図が平坦折り可能かどうか判定する効率的なアルゴリズムは存在しないことが知られています。

平坦折りと 2 色塗り分けデザイン

「平坦に折れる」というのは意外にも強い条件であり、その展開図には様々な特徴があることを説明してきました。最後に「2 色塗り分けデザイン」について述べておきます。地図や塗り絵などのように、領域を区分けされた平面図形を考えます。この平面図形に対して「n 色塗り分け」とは、隣り合うエリアで同色になることなく n 色のみで塗り分けることをいいます。実はどんな区分けされた平面図形も 4 色塗り分けが可能であることが知られ、これを 4 色定理（Four color theorem）といいます。シンプルな主張とは裏腹に、100 年以上も未解決問題として君臨し、ついにはコンピュータを用いた「力技」で 1976 年に解決されました。折り紙の形式的折り線図を区分けされた平面図形とみなすと、4 色定理により、必ず 4 色あれば塗り分けができることが保証されています。しかし、平坦折りに関しては、なんと 2 色塗り分けが可能となります。

図 2.29　平坦折りの形式的折り線図と 2 色で塗り分けたデザイン

図 2.29 は、平坦折りの形式的折り線図と 2 色で塗り分けたデザインを表しています。どちらも綺麗に塗り分けられているのがわかります。2 色で塗り分けが可能な理由は意外にもあっさりしています。平坦折りされた折り紙は、状態が平坦であることから、各領域は境界線で 180° 折り返されています。つまり、色付き折り紙を使って平坦折りをしたとき、色の付いている面が表になって

いるところと裏になっているところは折れ線を境に入れ替わります。つまり、表か裏かで塗り分けることができ、2色塗り分けが可能となるのです。

2.5 ミウラ折り

ヨシムラパターンとシュワルツのランタン

ここでは、紙のたわみについて考えてみます。図 **2.30** のように、コップに折り紙を巻いて、「クシャクシャ」にしてみましょう。

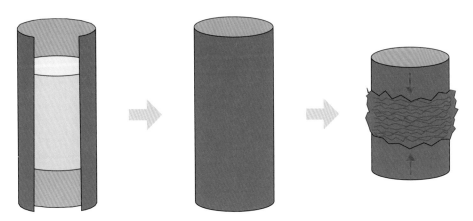

図 2.30 コップなどの円筒状のものに紙を巻き付けて、シワを作る

紙はゴムのような素材と違って、圧縮により形を保ったままギザギザの山谷模様が形成されます。このような現象を座屈（Bucking）といいます。図 **2.30** のような円筒上での座屈にはある程度パターンが存在することが知られています。

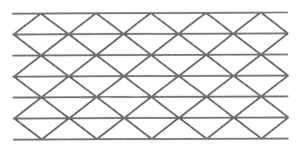

図 2.31 円筒上での座屈パターン

図 **2.31** は、元々は航空工学の中で吉村慶丸（Yoshimura Yoshimaru）により研究されたパターンということから吉村パターン（Yoshimura pattern）と呼ばれています。なお、紙の破壊構造としての研究は1950年代に行われましたが、三角形の模様自体は1880年代にカール・ヘルマン・アマンドゥス・シュワルツ（Karl Hermann Amandus Schwarz）（1843〜1921）らによって考察さ

れていました。円筒上に周期的な点を配置し、点を結んでできる細かい二等辺三角形を考え、円筒の表面積の近似計算を試みます。このとき、点の数を増やすこと（極限を考える）で面積はより正確なものになってきそうですが、点の増やし方によって円筒の表面積に近づくこともあれば、無限大になってしまうという「病的」な現象も起こります。このような三角形分割された円筒はシュワルツのランタン（Schwarz lantern）と呼ばれています。三角形による立体の近似は、細かければどんな三角形でもよいというものではないことを示す面白い例です。

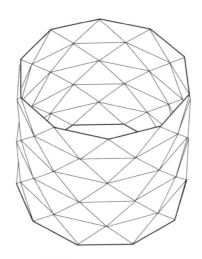

図 2.32　シュワルツのランタン

　シュワルツのランタンについて数学的な説明を加えておきます。例えば、半径 r、高さ h の円筒を考えます。この円筒の表面積は $2\pi hr$ であることが計算されます。次にこの円筒上に点を配置し、三角形分割を考えましょう。わかりやすく、高さを $2m$ 等分して偶数段目と奇数段目の断面（円）を考えます。偶数段目において、1 周を n 等分した位置に点を配置し、奇数段目はこれと半周期ずらした n 個の点を配置することを考えます。このとき、円筒上には**図 2.33**のように合同な三角形による分割が定まります。

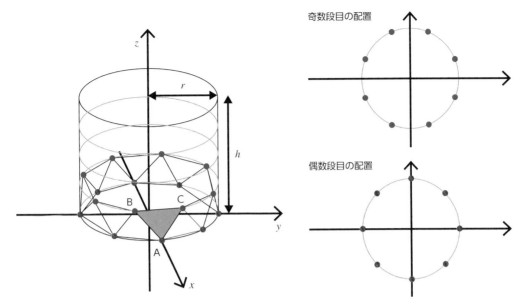

図 2.33 円筒上の点の配置

　0段目と1段目により、三角形は$2n$個出来上がるので、円筒上全体で$4nm$個の三角形が出来上がります。このとき、1つの三角形の面積を計算してみましょう。まず**図 2.34**のように0段目のx軸上の点Aの座標は$(r, 0, 0)$となり、1段目の点Bは$(r\cos(\pi/n), r\sin(\pi/n), h/2m)$、点Cは$(r\cos(\pi/n), -r\sin(\pi/n), h/2m)$となります。

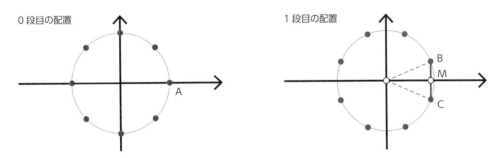

図 2.34 三角形 ABC の頂点の位置

　このとき、辺BCの長さは$2r\sin(\pi/n)$であることがわかります。次に辺BCの中点Mの座標はBとCの座標により$(r\cos(\pi/n), 0, h/2m)$であることがわかります。これによりMAの長さは

$$\mathrm{MA} = \sqrt{\left(r - r\cos\left(\frac{\pi}{n}\right)\right)^2 + \left(\frac{h}{2m}\right)^2} = \sqrt{4r^2\sin^4\left(\frac{\pi}{2n}\right) + \frac{h^2}{4m^2}}$$

したがって、三角形の面積は$1/2 \times \mathrm{BC} \times \mathrm{MA}$で計算できることから、円筒上の全三角形の総面積$S_{n,m}$は

$$S_{n,m} = 4nmr\sin\left(\frac{\pi}{n}\right)\sqrt{4r^2\sin^4\left(\frac{\pi}{2n}\right) + \frac{h^2}{4m^2}}$$

と計算されます。n, mを大きくすることにより、感覚的にはメッシュが細かくなり、$S_{n,m}$は円筒の

表面積 $2\pi hr$ に近づくことが期待されます。n と m をそれぞれ勝手に大きくすると統制がとれないので、例えば $m = ln$ という比例関係を保った状態で n を大きくすることを考えます。実際に極限の計算を行うと

$$
\begin{aligned}
\lim_{n\to\infty} S_{n,ln} &= \lim_{n\to\infty} 4ln^2 r \sin\left(\frac{\pi}{n}\right)\sqrt{4r^2\sin^4\left(\frac{\pi}{2n}\right) + \frac{h^2}{4l^2 n^2}} \\
&= \lim_{n\to\infty} 4\pi lr \cdot \frac{n}{\pi}\sin\left(\frac{\pi}{n}\right)\sqrt{(\pi r)^2 \cdot \left(\frac{2n}{\pi}\right)^2 \sin^2\left(\frac{\pi}{2n}\right)\cdot\sin^2\left(\frac{\pi}{2n}\right) + \frac{h^2}{4l^2}} \\
&= 4\pi lr \cdot 1 \cdot \sqrt{(\pi r)^2 \cdot 1 \cdot 0 + \frac{h^2}{4l^2}} \\
&= 2\pi hr
\end{aligned}
$$

ここで $\lim_{x\to 0}\frac{\sin x}{x} = 1$ を使いました。なお、$m = ln^2$ という関係で n を大きくすると

$$
\begin{aligned}
\lim_{n\to\infty} S_{n,ln^2} &= \lim_{n\to\infty} 4ln^3 r \sin\left(\frac{\pi}{n}\right)\sqrt{4r^2\sin^4\left(\frac{\pi}{2n}\right) + \frac{h^2}{4l^2 n^4}} \\
&= \lim_{n\to\infty} 4\pi lr \cdot \frac{n}{\pi}\sin\left(\frac{\pi}{n}\right)\sqrt{\frac{\pi^4 r^2}{4}\cdot\left(\frac{2n}{\pi}\right)^4\sin^4\left(\frac{\pi}{2n}\right) + \frac{h^2}{4l^2}} \\
&= 2\pi hr\sqrt{1 + \left(\frac{\pi^2 lr}{h}\right)^2}
\end{aligned}
$$

となり、l の値によって、$S_{n,m}$ はいくらでも大きな値にすることができます。なお、$n = ln^{\alpha}$ $(\alpha > 2)$ のとき、上の計算から明らかなように $S_{n,m}$ は無限大に発散してしまいます。このように、シュワルツのランタンは三角形の分割の仕方によって、状況が大きく変わってしまう「病的」な例であることがわかります。

　さて、この吉村パターンは日常生活でもよく目にします。例えば、ジーパンなどのズボンの膝裏のシワはまさに吉村パターンそのものです。さらに、チューハイ缶やコーヒー缶にもこの模様が見られます。実は吉村パターンは横方向における構造が丈夫であるという性質が知られており、材料のコストカットや軽量化が実現できるのです。

ミウラ折り

　日本の宇宙工学の第一人者である三浦公亮（Miura Koryo）（1930〜）は、円筒上の座屈である「吉村パターン」と同様に、平面上の座屈にもパターンがあるのではないかと考えました。しかし、円筒の場合と異なり、実験で座屈にパターンを見つけるのはとても困難です。そこで、吉村パターンの表と裏のものを用意します。

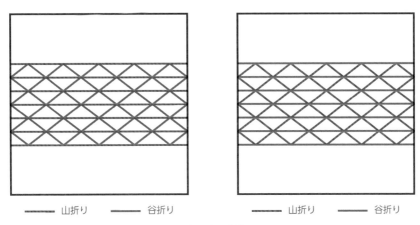

図 2.35 表と裏の吉村パターン

これらをうまく合わせることによって「平面の座屈」が得られるのではないかという発想から、次のような組み合わせを考えました。

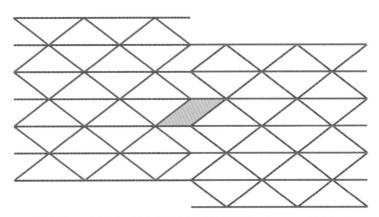

図 2.36 1列ずらして貼り合わせると平行四辺形のパターンが生まれる

貼り合わせた部分に注目すると、「平行四辺形」が現れます。これを基本的な形として、折り畳んだものをミウラ折り（Miura fold）といいます。

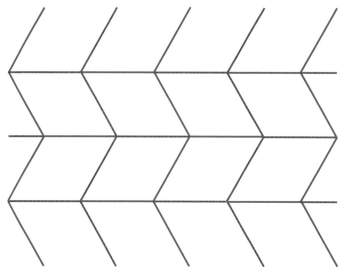

図 2.37　ミウラ折りのパターン

　このミウラ折りは、紙を緩やかに曲げなくても、開いた状態から閉じた状態（折りきった状態）にできます。つまり、折り紙の面が硬い板（剛体）であっても、蝶つがいなどを付けることで「折り畳む」ことが可能となります。このような折り紙のモデルを「剛体折り紙（Rigid origami）」といい、工業や建築など多くの分野で応用されています。ミウラ折りに関しては、端を固定し対角方向の端をつまんで引っ張るだけで（つまり、1 方向に操作を行うだけで）、全体が開くというのが特徴的です。このような性質から実際に地図や用紙の折り畳みに使われたり、宇宙ステーションの太陽光パネルの開閉に利用されたりしています。

ミウラ折りを折ってみよう

　実際に折り紙を使って簡易的なミウラ折りを折ってみましょう。まず。折り紙を 4 等分して谷折り、山折りと交互に畳んでいきます（交互に折ることが鍵になります）。

4 等分する　　　　　　　　　　　交互に折り畳む

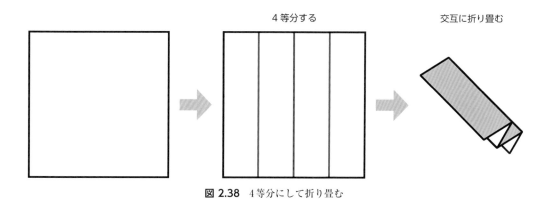

図 2.38　4 等分にして折り畳む

　次に、平行四辺形を作る作業ですが、ここでのミウラ折りは簡易的なものなので、折りやすいように次のような操作で畳んでいきます。

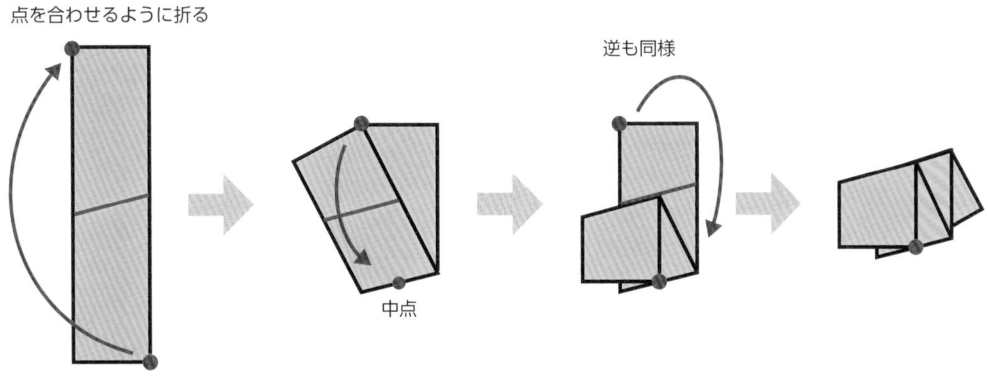

点を合わせるように折る

逆も同様

中点

図 2.39 平行四辺形を作る

外側は台形ですが、内側2つは平行四辺形となります。一旦広げて、折り線を確認しましょう。赤が山折りで、青が谷折りです。

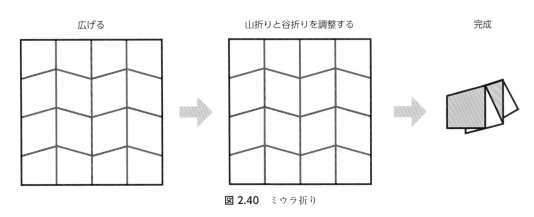

広げる　　　　　　　山折りと谷折りを調整する　　　　　　　完成

図 2.40 ミウラ折り

図 2.40のように山折りと谷折りを調整し、上下から畳んでいくとミウラ折りが完成します。今回は4×4のエリアに分ける折り方をしましたが、開くときの持ち手の部分が入り組んでしまうため、実際に地図などの折り畳みに使う際は奇数×奇数のエリアに分けるミウラ折りが効果的です。

2.6 繰り返し模様の歴史

前節では「パターン」という言葉が出てきました。以降は「繰り返し模様」や「パターン模様」の数学的な構造や美しい性質について解説していきます。

身近な繰り返し模様

台所やお風呂場を見ると「タイル」が綺麗に敷き詰められています。街に出ると、色や装飾とともに模様が繰り返され、美しさを際立たせています。実際に古代ローマの時代から、建築物における床や天井、そして壁にもアートとして装飾されてきました。近現代ではオランダの芸術家マウ

リッツ・エッシャー（Maurits Cornelis Escher）（1898〜1972）によって、「繰り返し模様」の数学が積極的に芸術に取り入れられ、世界的に注目されました。

市松模様と麻の葉模様

市松模様

麻の葉模様

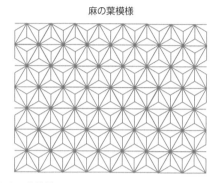

図 2.41　市松模様と麻の葉模様

　日本では古くから、パターン模様はデザインとしても活用されてきました。例えば、江戸時代の人気歌舞伎役者初代佐野川市松（1722〜1762）は独特なファッションが人気で、いわゆる「チェック柄」の着物を愛用していたそうです。実際に浮世絵にも描かれており、市松模様（Ichimatsu pattern）と呼ばれています。この他にも正六角形を基本とした**図 2.41** の右の模様も、江戸時代では縁起物として女性の間でとても人気の模様だったそうです。この模様は正六角形の対角線を結ぶことで6つの正三角形に分けられます。さらに各正三角形の頂点から重心に向かって線を入れることで完成します。このような模様は、麻の葉模様（Asanoha pattern）と呼ばれています。

正六角形を描く　　　　　　対角線を引く　　　各三角形の重心に線を伸ばす

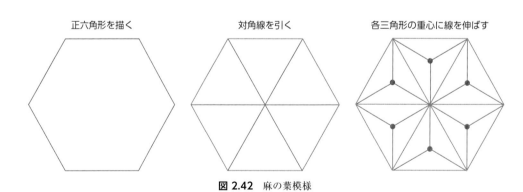

図 2.42　麻の葉模様

2.7 タイリングの数理

平面充填（Tessellation）（またはタイリング（Tiling））とは、同一あるいは複数の種類の図形を使って平面上を隙間なく敷き詰めることをいいます。どんなタイルだとタイリングができるのか、あるいはできないのか。こうしたデザインに関する話題を数学の視点で見ていきましょう。

1種類の正多角形によるタイリング

正方形、正三角形、そして正六角形

1種類の正多角形を使ってタイリングを考えてみましょう。例えば、前節で紹介した市松模様のベースは正方形（正四角形）のタイリングです。

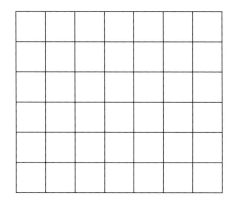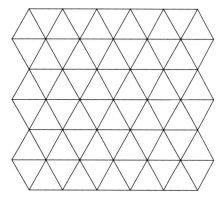

図 2.43 正方形（正四角形）のタイリング（左）と正三角形のタイリング（右）

また、正三角形を使った**図 2.43**の右のようなタイリングも考えられます。この模様も日本で古くから使われており、鱗模様と呼ばれています。そして、正六角形を敷き詰めることでも美しい模様が出来上がります。

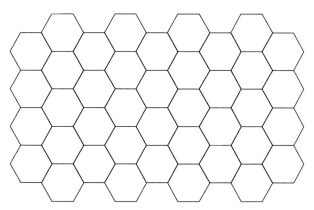

図 2.44 正六角形のタイリング

この模様の構造は蜂の巣に似ていることからハニカム構造（Honeycomb structure）と呼ばれ、

強度や面積に関してとてもよい性質を持つことから、応用面で注目を浴びている模様の1つです。例えば、「半径の同じ円をなるべく多く敷き詰めたいとき、どのような並べ方をすればよいか」という問題を考えます。つまり、円のエリアの密度を最大にする並べ方を見つける問題です。面白いことに、**図 2.45** の左のように縦と横を整列させたものよりも、右のようにハニカム構造にしたがって並べたものの方が、密度が大きいことが知られています。

密度最大

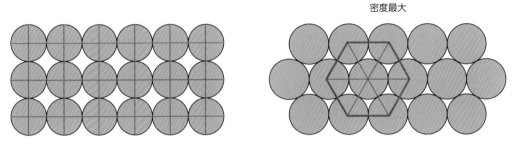

図 2.45　密度最大となる円の並べ方

カール・フリードリヒ・ガウス（Johann Carl Friedrich Gauss）（1777～1855）は周期的な並べ方の中で、ハニカム構造の並べ方が密度が最大になるということを証明し、1940年には、ハンガリーの数学者ラースロー・フェイェシュ・トート（László Fejes Tóth）（1915～2005）が全ての並べ方（非周期的なものも含める）の中でハニカム構造の並べ方が密度最大であるということを証明しました。それほど、この構造は特別なもののようです。

正六角形と毘沙門亀甲

また、正六角形のタイル3つを合体させた模様として**図 2.46** のような毘沙門亀甲（Bishamon kikko）というものがあります。仏教における四天王の一人である武神「毘沙門天」の甲冑にこの模様が使われていることが名前の由来です。

図 2.46　正六角形3つからできる毘沙門亀甲

3色で色分けをすることで様々なデザインを考えることができます。

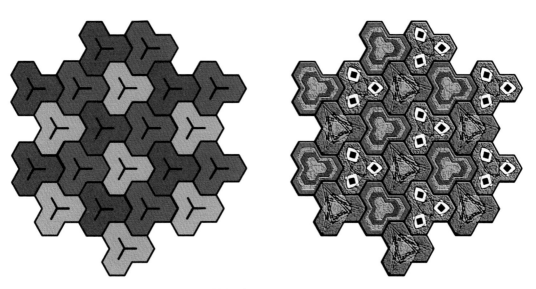

図 2.47 毘沙門亀甲をベースにしたデザイン

正多角形を使ったタイリングについて

次に、その他の正多角形を使ったタイリングの可能性について考察してみます。例えば正五角形はタイリング可能でしょうか。

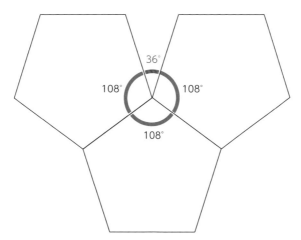

図 2.48 正五角形では平面に敷き詰められない

実際に正五角形を3つつなげることで、構造がわかってきます。正五角形の内角は108°です。**図 2.48**のように3つで324°となり、残り36°は正五角形では実現できません。平面に正多角形を敷き詰める場合、内角をいくつか足し合わせてちょうど1周の360°にならなくてはなりません。これを数学的に考察してみましょう。一般の正 n 角形の内角は $\frac{n-2}{n} \times 180°$ と計算されます。これを m 個重ねることでちょうど360°になるには次の条件を満たさなくてはいけません（以降は角度を弧度法（Radian）を使って表現します）。

$$\frac{n-2}{n} \times \pi \times m = 2\pi \iff m(n-2) = 2n \iff \frac{1}{m} + \frac{1}{n} = \frac{1}{2}$$

この条件を満たす自然数 n, m を考えます。まず、n は3以上でなくてはいけません。$n = 3$ のとき、$m = 6$ で条件を満たします。これは正三角形のタイリングに一致します。$n = 4$ とすると $m = 4$ ととれ、これは正方形の格子模様に一致します。$n = 5$ とすると $m = 10/3$ となり、自然数ではありません。$n = 6$ とすれば $m = 3$ となり、これは正六角形のタイリングに一致します。実際

$$m(n - 2) = 2n \iff (m - 2)(n - 2) = 4$$

と式変形でき、これを満たす自然数 $m - 2, n - 2$ のペアは $(1, 4), (2, 2), (4, 1)$ のみで、これを解くと $(n, m) = (3, 6), (4, 4), (6, 3)$ となります。このことから、1種類の正多角形の平面タイリングは正三角形、正四角形、正六角形のみであることが証明されました。

> 1種類の正多角形による平面タイリングは正三角形、正方形、正六角形の3種類のみとなる。

1種類の多角形によるタイリング

任意の三角形によるタイリング可能性

先ほどの議論は「正多角形」の場合でした。今度は少し形の自由度を上げて考えてみることにします。まず考えやすいのが平行四辺形（Parallelogram）の場合です。これは、正方形を組み合わせた格子模様を斜めに変形したものと考えれば、容易にタイリング可能であることがわかります。

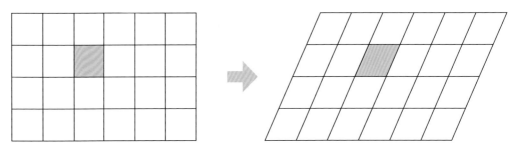

図 2.49 正方形のタイリングと平行四辺形のタイリング

次に適当な形の三角形の場合を考えましょう。このとき2つの合同な三角形を使うことで、**図 2.50** のように平行四辺形を作ることができます。

合同な2つの三角形　　　　　　合わせて平行四辺形を作ることができる

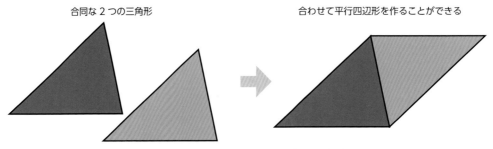

図 2.50 合同な2つの三角形から平行四辺形を作る

つまり、どんな形の三角形でも、1種類だけで必ず平面のタイリングが可能であることがわかります。

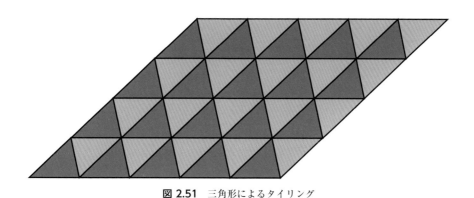

図 2.51 三角形によるタイリング

任意の形の三角形は2つのペアで平行四辺形を作り、平面タイリング可能となる。

任意の四角形によるタイリング可能性

先ほどは正方形を斜めに変形することによって平行四辺形に一般化しました。実は正六角形のタイリングに関しても同じような一般化が考えられます。それが平行六辺形（Parallel hexagon）です。平行六辺形とは、3つの対辺がそれぞれ平行であるような六角形のことをいいます。

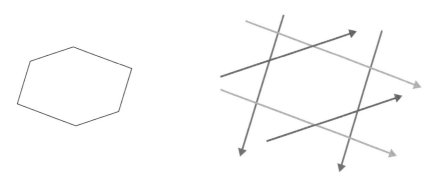

図 2.52 3つの対辺がそれぞれ平行な六角形を「平行六辺形」という

実は、平行六辺形も平行四辺形と同様に、必ず平面のタイリングが可能となります。

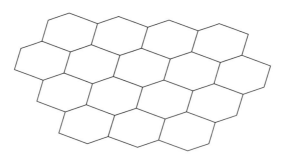

図 2.53　平行六辺形によるタイリング

　ここで、適当な形の四角形を用意します。この四角形と合同な四角形を合わせると、**図 2.54** のように平行六辺形が出来上がります。

合同な 2 つの四角形　　　　　　　　　　　合わせて平行六辺形を作ることができる

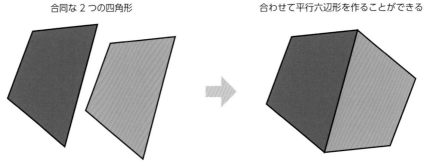

図 2.54　合同な 2 つの四角形から平行六辺形を作る

　この性質により、どんな四角形でも、1 種類だけで必ず平面のタイリングが可能であることがわかりました。

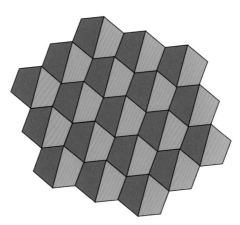

図 2.55　四角形によるタイリング

> 任意の形の四角形は 2 つのペアで平行六辺形を作り、平面タイリング可能となる。

五角形によるタイリング

正五角形では平面タイリングはできませんが、タイリングが可能な特殊な五角形が存在します。例えば、次のように2辺が平行な五角形を考えてみましょう。

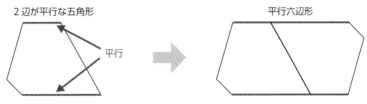

図 2.56 2辺が平行な五角形

図 **2.56** の右のように、2辺が平行である五角形は2つ合わせると平行六辺形となり、タイリングが可能となります。このようなタイリングが可能な五角形はいくつか存在し、実際に2021年現在までに15のタイプが知られています。14番目のタイプが発見されたのが1985年で、それから30年後の2015年、コンピュータを使って15番目のタイプが発見されました。この15番目のタイプの五角形は比較的わかりやすい角度で、自由度のない固定された次のような形となっています。

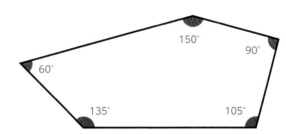

図 2.57 2015年に発見された新しいタイプのタイリング可能な五角形

この五角形をタイリングしたものが**図 2.58**です。絶妙なバランスで組み合わせられており、美しい模様を作り出しています。

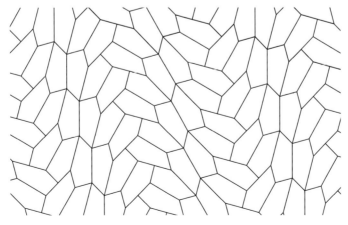

図 2.58 15番目のタイプの五角形によるタイリング

2種類以上の正多角形によるタイリング

　続いて、2種類以上の正多角形についてタイリングを考えてみます。結論をいうと、全ての頂点周りの形状が一様であるタイリングは全部で8通りしかないことが知られています。まずは8通りのタイリングをご覧ください。

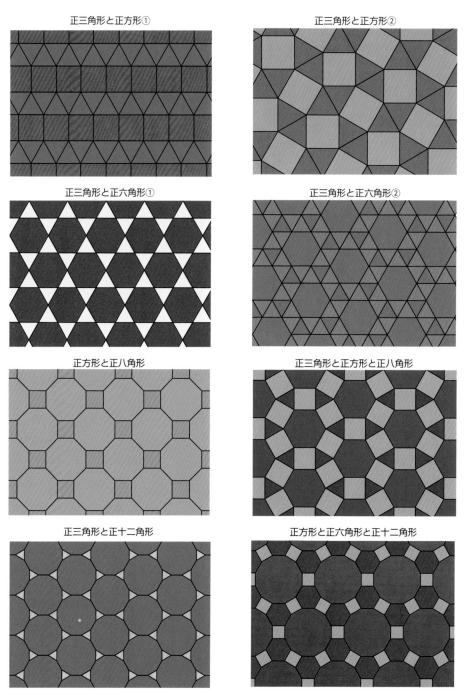

正三角形と正方形①　　　　　　　　　正三角形と正方形②

正三角形と正六角形①　　　　　　　　正三角形と正六角形②

正方形と正八角形　　　　　　　　正三角形と正方形と正八角形

正三角形と正十二角形　　　　　正方形と正六角形と正十二角形

図 2.59　複数の正多角形による平面タイリング

これらの8通りのタイリングも数学を使って求めることができます。例えば、正多角形をいくつか使って平面タイリングができていたとします。このとき、重複も含めて、全ての頂点周りで正N_1角形、正N_2角形、$\cdots$、正N_n角形が1つの頂点に集まっていることになります。

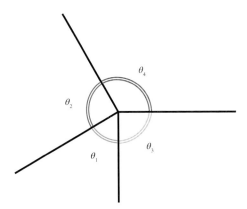

図 2.60　複数の正多角形の頂点が1点に集まる様子

$3 \leq N_1 \leq N_2 \leq \cdots \leq N_n$ とし、正N_k角形の内角をθ_kとすると

$$\theta_1 + \theta_2 + \cdots + \theta_n = 2\pi$$

となります。また、内角は具体的に$\theta_k = \dfrac{N_k - 2}{N_k}\pi$と表せるので、この条件は次のように置き換えられます。

$$\sum_{k=1}^{n} \frac{N_k - 2}{N_k}\pi = 2\pi \iff \sum_{k=1}^{n} \frac{1}{N_k} = \frac{n-2}{2}$$

全てのkに対して$3 \leq N_k$が成り立つので、

$$\frac{n-2}{2} \leq \sum_{k=1}^{n} \frac{1}{3} = \frac{n}{3}$$

が成り立ちます。これを整理すると$n \leq 6$となり、最大で6種類であることがわかりました。また、2つの正多角形の頂点で1周することは不可能なので、最低3つの正多角形が必要であることもわかります。つまり、$n = 3, 4, 5, 6$の場合を調べればよいことになります。この後の計算はそんなに難しいわけではありませんが、やや長くなってしまうので省略します。等式を満たす解を全て求めた後、タイリングの細かい条件からいくつか消去することができ、結果的に8通りが残ります。正多角形を頂点の周りに右回り（左回りでもよい）に$(N_{i_1}, N_{i_2}, \ldots, N_{i_n})$という具合に並べると、**図2.61**の8通りのタイリングが対応します。

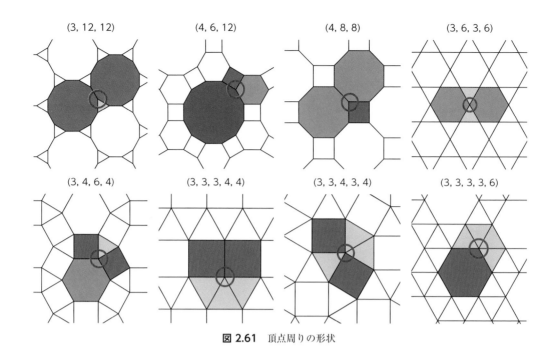

図 2.61　頂点周りの形状

2.8　エッシャーと数学

　この節では、マウリッツ・エッシャーの技法や関連する数学について解説します。エッシャーといえば、だまし絵やタイリング、その他多種多様で魅力的な作品を残しています。本節ではその中でも、タイリングに関する話題を中心に解説していきます。エッシャーのタイリング関係の作品では鳥や魚、カエルといった生き物が多く現れます。例えば、**図 2.62**のように「ペガサス」の形をしたタイルを平面に敷き詰めるのもエッシャーの代表的な技法となります。

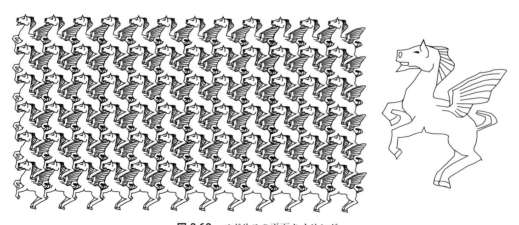

図 2.62　ペガサスの平面タイリング

　いままで三角形や四角形、正多角形を使ったタイリングを考えていましたが、これは「ペガサス」という複雑な形を使ったタイリングとなっています。そこで、ここではタイリングの「変形」につ

いて考えていきます。

格子模様をベースとした変形

まず、最も基本的な格子模様を考えます。これを斜めに傾けることで、平行四辺形のタイリングになることは前節で説明しました。こうした変形と違い、**図 2.63** のように縦方向と横方向を赤と青で色分けします。

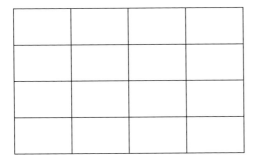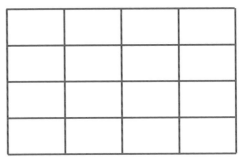

図 2.63 格子模様の横方向と縦方向の色分け

そして、全ての横方向（赤）を**図 2.64** のように同時変形します。当然全体で見ると平面タイリングになっています。さらに縦方向（青）も同様に、全体で変形を行っても、やはり平面タイリングとなります。

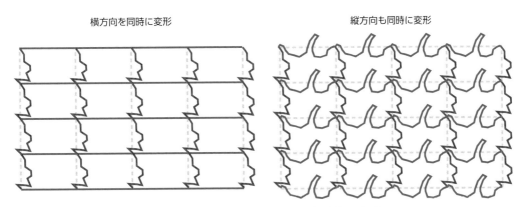

横方向を同時に変形 縦方向も同時に変形

図 2.64 横方向（赤）の変形と縦方向（青）の変形

これにより、平面タイリングの自由度ははるかに大きくなります。実際、先ほどのペガサスのタイリングもこの手法で生成されています。

図 2.65　格子模様とペガサスタイル

　図 2.65 のように、4 頭のペガサスが交わる点に注目すると格子模様を変形してできていることがわかります。せっかくなので、この方法を使ってオリジナルのタイリングを作ってみました。

図 2.66　格子模様からできるうしのタイリング

タイリングとトポロジー

　ペガサスのタイリングの例は、長方形のタイリングをベースにしていますが、もう少し数学的な視点で見てみましょう。1 つのタイルに注目してみると、タイルの右の辺の変形は左の辺の変形に対応しています。同様に上の辺の変形は下の辺の変形に対応しています。つまり、右と左の辺、上と下の辺は向きもあわせて「一心同体」であると考えられます。

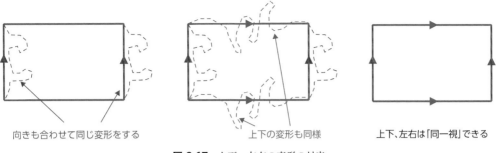

図 2.67 上下、左右の変形の対応

　例えば、1枚のタイルを「地図」だとしましょう。地図の東に進んで行くと西の端から戻ってくる。北に進むと南から戻ってくる。このような世界は私たちの住んでいる地球と同じ「球面」であるといえるでしょうか？

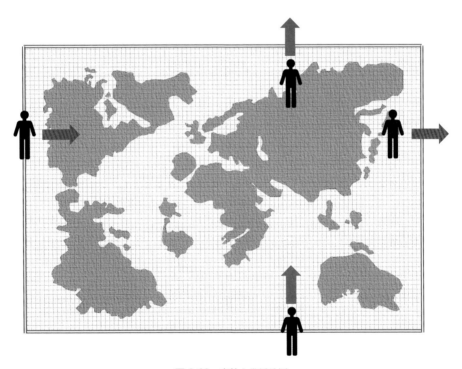

図 2.68 奇妙な世界地図

　残念ながら、このような地図は球面ではなく、なんとドーナツ型をしています。まず右と左で地図が同一視できることにより、円柱形になります。さらに上と下で同一視すると一周回ってドーナツ型になるのです。このような、長さにとらわれず、対象の「形」に焦点を当てる幾何学をトポロジー (Topology) といいます。なお、トポロジーの世界では、ドーナツ型の形をトーラス (Torus) と呼びます。

図 2.69　ドーナツ型（トーラス）の世界

「同一視」の仕方によって様々な形を生み出すことができます。例えば、**図 2.70** のように、つながる方向は同じでも、右と左のつながり方が逆さまの場合を考えましょう。

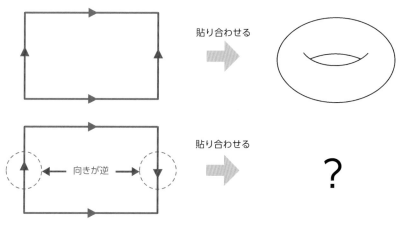

図 2.70　向きを逆にして貼り合わせる

　この場合、まず上と下で長方形を貼り合わせて円柱にします。次に、右と左についてですが、先ほどとは向きが違うので外側から貼り合わせることができません。そこで、少しルール違反な気がしますが、一旦内側に突き抜けて、内側から貼り合わせます。

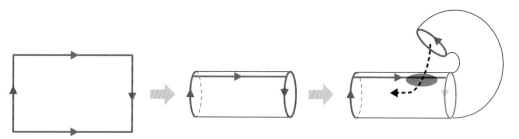

図 2.71　面を突き抜けて内側から貼り合わせる

　こうしてできる図形は、考案したドイツの数学者フェリックス・クライン (Felix Christian Klein)（1849～1925）にちなんで**クラインの壺**（Klein bottle）と呼ばれます。

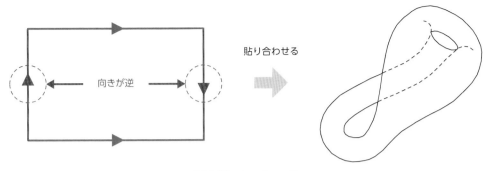

図 2.72 クラインの壺

クラインの壺は先ほど「ルール違反」をしたように、3次元の世界では実現できず、4次元の世界で実現できる特殊な形の壺です。**図 2.72**に示した形は3次元で"無理矢理"表現したものです。では、右左、上下の向きがどちらも逆さまの場合はどうなるでしょうか？ これはとてもイメージが難しいですが、**図 2.73**のような形になります。

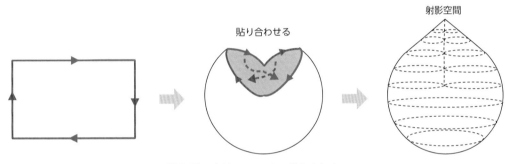

図 2.73 内側でクロスして貼り合わせる

これは射影空間（Projective space）と呼ばれ、これもクラインの壺と同じように、4次元の世界の形です。このように長方形を貼り合わせるだけで、2次元から3次元、そして4次元の世界まで気軽に踏み込めるのは数学の魅力の1つだと思います。

クラインの壺とタイリング

さて、それではタイリングの話題に戻します。先ほどのトーラスの場合はすでに対応するタイリングを行いました。それでは、クラインの壺や射影空間に対応するタイリングを考えてみます。クラインの壺の場合、貼り付ける辺のペアのうち1つが逆向きになっていました。タイリングの場合、難しい想像はそんなに必要なく、ただ、その辺の形に合うようにタイルを平行移動したり回転したり、鏡反射させればよいのです。例えば**図 2.74**のような変形の場合を考えてみましょう。上下は向きが揃っているので、そのままコピーしたタイルを上下に置けば完了です。左右の貼り合わせについては、平行移動させても回転させても形が合いません。そこで、鏡反射させたタイルを作って貼り合わせます。

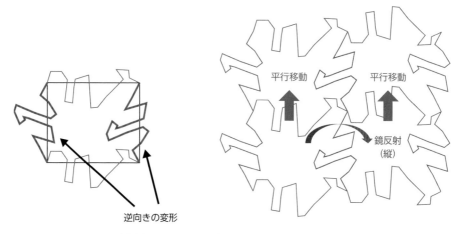

図 2.74　クラインの壺に対応するタイルの貼り方

図 2.74 のようにぴったり合います。鏡反射させたタイルの上下には同じタイルを置いていけ
ば、綺麗に平面タイリングが出来上がります。

射影空間とタイリング

　続いて、射影空間の場合です。この場合も先ほどと同様に、形に合うタイリングを探していきま
す。上下左右ともに、平行移動ではタイルがはまりません。そこで鏡反射したタイルを 2 つうまく
回転させ、右と上に合わせます。残りの右上は元のタイルをそのまま回転させることではまりま
す。こうして射影空間に対応するタイリングができました。

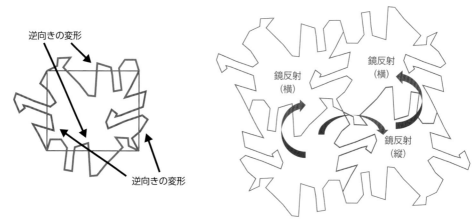

図 2.75　射影空間に対応するタイルの貼り方

エッシャーのタイリングの考察

　では、実際にエッシャーが描いたタイリングの作品はどのようなパターンを使っているのか、少
し考察してみましょう。例えば、「ペガサス」のタイルはすでに考察した通り、複数のタイルが集
まる 4 点を結んでできる四角形において、2 つの対辺のペアの向きが同じことから、トーラスのタ
イプとなっています。また、代表作の 1 つである「トカゲ」のタイルは辺を同一視すると球体のタ

イプ（**図 2.76**）、「犬」のタイルは先ほど説明したクラインの壺のタイプです（**図 2.77**）。このように様々なタイプの作品を意図的に手掛けていることがわかります。

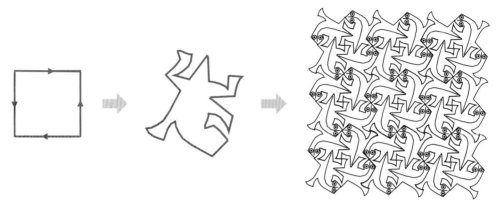

図 2.76　球体タイプのタイリング（エッシャーの作品「Lizards」を再現）

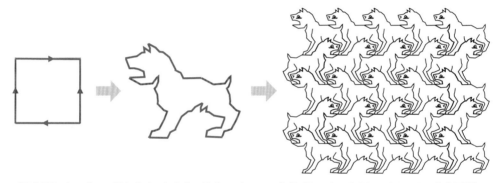

図 2.77　クラインの壺タイプのタイリング（エッシャーの作品「Regular division of the plane」を再現）

四角形以外のタイルの変形

　これまでの考察からわかるように、辺のペアをうまく選び、同時に変形させることでタイリングが保たれます。つまり、四角形に限らず、三角形や六角形など、すでにタイリングが完成されてあるものを変形することで、多種多様なタイリングが可能となります。

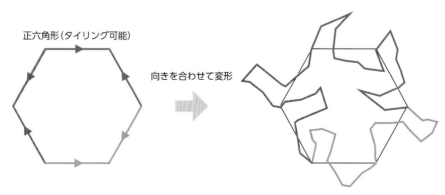

図 2.78　平面タイリングが可能である正六角形のタイルを変形する

　こうした変形により、別パターンのタイリングが作成されます。実際にタイリングして色を塗ってみました。

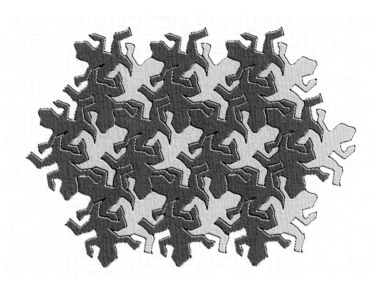

図 2.79　正六角形に基づく「トカゲ」のタイリング

エッシャーとパレイドリア現象

図 2.80　月面の影と餅をつくウサギ

　イギリスの数学者ハロルド・スコット・マクドナルド・コクセター（Harold Scott MacDonald Coxeter）（1907〜2003）の助言により、エッシャーは積極的に芸術の世界に数学を取り入れていきました。しかし、こうした新しい技法を切り開くだけではなく、エッシャーにはある特殊な能力があったといわれています。例えば、ふと空を見上げたとき、雲の形が「クジラに似ている」とか「犬に似ている」といったことを感じたことのある方もいらっしゃるかもしれません。あるいは、**図 2.80** のような「月のウサギ」は中国で古くから語られています（日本では満月を「望月（もちづ

き)」ということから、「餅をつく」という姿で語られているようです）。このような、何かものを見たとき（あるいは聴いたとき）、そこに存在しないよく知っているものを思い浮かべるような現象をパレイドリア（Pareidolia）といいます。実際にレオナルド・ダ・ヴィンチは手稿の中で「パレイドリアは芸術家にとって重要なスキルの1つである」といった内容を述べています。特徴の少ない雲や岩に対してのパレイドリアは意識してもなかなか難しいときがありますが、エッシャーはこのような特殊な力に長けていたといわれています。これはタイルも同じです。普通の人間が見てもランダムな形にしか見えないタイルであっても、エッシャーの目にはペガサスに映るのです。

2.9　非周期タイリング

　ここまでに紹介してきた模様は一定の"周期"があるものでした。つまり、模様をコピーして、別の位置にペーストすると、ぴったり重ねられる（つまり、コピー&ペーストでタイリングが完結する）ような模様です。このようなタイリングを周期タイリング（Periodic tiling）といいます。では、周期的ではないタイリング（＝非周期タイリング）というものは存在するのでしょうか？
　実は、タイルに条件がなければいくらでも構成することができます。例えば、次のように適当な形を次々に決めていけば、平面を埋め尽くすことができます。これは周期のないタイリングになっています。

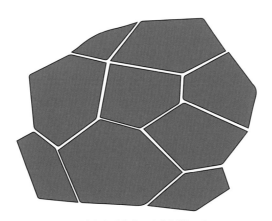

図 2.81　適当な形を使った非周期タイリング

　しかし、限られた種類のタイルによる非周期的なタイリングとなれば話は全く変わってきます。例えば、1種類のタイルではどうでしょうか？

フォーデルベルク・タイリング

　この問題のパイオニアとなったのがドイツの数学者ハインツ・フォーデルベルク（Heinz Voderberg）（1911〜1945）です。彼は1936年に次のような特殊な九角形のタイルを発表しました。

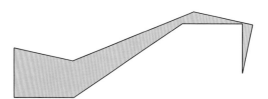

図 2.82　フォーデルベルクの発表した九角形のタイル

このタイルはとても特殊で、次のような性質を持っています。

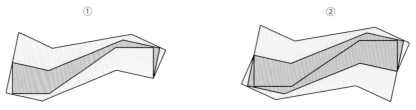

図 2.83　フォーデルベルクのタイルのもつ 2 つの性質

　1 つ目の性質は「2 つのタイルで 1 つのタイルをカバーできること」です。確かに綺麗に真ん中の
タイルは覆われています。そして 2 つ目の性質は「2 つのタイルで 2 つのタイルもカバーできる」と
いう点です。これも**図 2.83**の右のように、綺麗にタイル 2 つ分が覆われています。このタイルは
12° 回転したもの、180° 回転したものとぴったり形が合い、タイリングができます。こうした特徴
から次のような美しい円形のタイリングや二重らせん型のタイリングが実現できます。

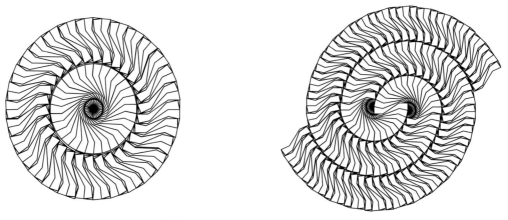

図 2.84　フォーデルベルク・タイリング

　このタイリングを、発見者の名前から**フォーデルベルク・タイリング**（Voderberg tiling）と呼
びます。このような非周期タイリングの本格的な研究が始まったのは 1970 年代なので、彼の研究
は 3,40 年先を進んでいたともいえます。

フォーデルベルクのタイルを作成してみよう

　フォーデルベルク自身の論文ではタイルを使ったタイリングに関する考察が中心で、タイル自体の構成に関してはあまり情報がありませんでした（しかもドイツ語の出版だったので、世に広まりにくかったようです）。そこで、このパートでは、フォーデルベルクのタイルの構成方法について簡単に説明していきます。意外と簡単に構成できるので、ExcelやPowerPoint、その他の描写ソフトで試してみてもよいかもしれません。まず、**図2.85**のように84°, 84°, 12°の二等辺三角形ABCを用意し、平行線を4本引きます。

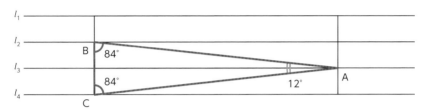

図 2.85　フォーデルベルクのタイルの作成①

　次に、点Aから、一番上の平行線l_1に向かって線を伸ばし、l_1との交点をDとします。このとき、ADとl_1のなす角θはおおよそ26°から80°の間で設定します。これは、この後の操作で線が重ならないようにするためです。また、辺ADと平行で同じ長さの辺BEを考え、DとEを結びます。

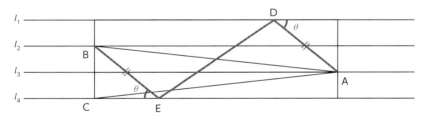

図 2.86　フォーデルベルクのタイルの作成②

　そして、点Aから直線l_1に垂直に向かい、点Fを考えます。こうしてできる折れ線AFDECを、点Aを中心に12°回転（時計回り）させます。回転でできた折れ線は、二等辺三角形ABCの定め方から、必ず点Bを通ります。回転してできた折れ線をAF'D'E'Bとしましょう。

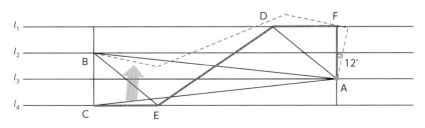

図 2.87　フォーデルベルクのタイルの作成③

　こうして、九角形AFDECBE'D'F'が出来上がりました。

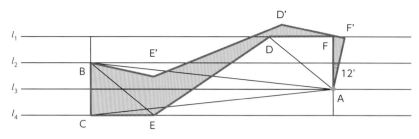

図 2.88　フォーデルベルクのタイルの作成④

この九角形は、折れ線 FDEC の対称性から、180°回転させたものと貼り合わせが可能となっています。また、折れ線 AFDEC を 12°回転させてできているので、もちろん 12°回転させたものとも貼り合わせることができます。実際に二重らせん型のタイリングを作成し、色を塗ってみました。

図 2.89　フォーデルベルク・タイリング

構成方法がわかれば、一般化ができます。実際に様々な一般化が考えられていますが、ここでは例として折れ線 FDEC の対称性を保ったまま変形することを考えます。

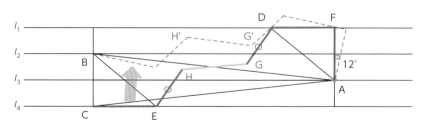

図 2.90　フォーデルベルクのタイルの変形

図2.90のように辺DEを折れ線DGHEに変形してもタイルは構成できます（十三角形となります）。

ロビンソン・タイリング

時は流れ、1971年。アメリカの数学者ラファエル・ミッチェル・ロビンソン（Raphael Mitchel Robinson）（1911〜1995）は**図2.91**の6種類のタイルを使った特殊な非周期タイリングを考えました。

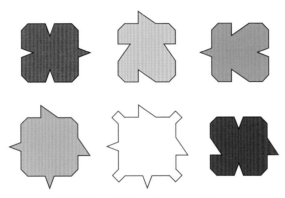

図2.91 6種類のロビンソン・タイル

これらのタイルは発見者にちなんでロビンソン・タイリング（Robinson tiling）と呼ばれています。このタイリングはとても技巧的で、**図2.92**のような「階層的」な構造を持つ非周期タイリングとなります。

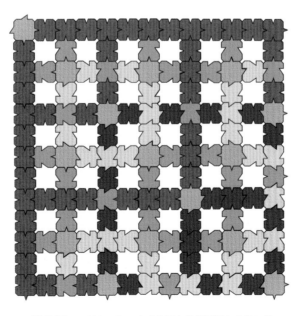

図2.92 ロビンソン・タイルによる非周期タイリング

ペンローズ・タイリング

　イギリスの理論物理学者ロジャー・ペンローズ（Sir Roger Penrose）（1931〜）もこの非周期的なタイリングについて考察を行いました。ロビンソンの例では6種類のタイルが必要でしたが、徐々に数を少なくしていき、1974年には2種類までに減らすことに成功しました。ペンローズが考えたのは、**図 2.93**のような菱形を分割してできるタイルです。

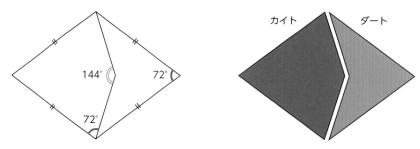

図 2.93　カイトとダート

　青のタイルは凧の形であることからカイト（Kite）、緑のタイルは矢じりのような形であることからダート（Dart）とペンローズにより名付けられました。これらのタイルを合わせた菱形は、角度72°からわかるように黄金比と関係しています（以降、黄金菱形と呼ぶことにします）。72°と黄金比に関する話題は第1章を参照してください。実は**図 2.94**のようにABとBCの長さの比は黄金比（$\phi:1$）となります。つまり、カイトとダートの面積比も$\phi:1$となることがわかります。

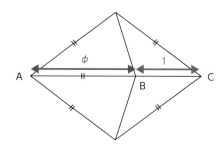

図 2.94　カイトとダートと黄金比の関係

　また、**図 2.95**のように、黄金菱形と、黄金三角形を合わせてできる菱形を使ったタイルも知られています。

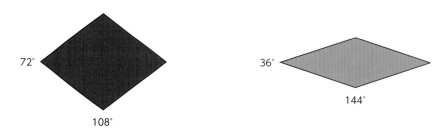

図 2.95　菱形タイル

これらのタイルを使って平面を敷き詰めようとすると、非周期的な配列に強制されます。実際に2種類のタイルで敷き詰めると**図 2.96**のような美しい模様ができます。

図 2.96 ペンローズ・タイリング

どちらのタイルを使ったものも、ペンローズ・タイリング（Penrose tiling）と呼ばれています。なお、敷き詰め方は一通りではなく様々な敷き詰め方が存在します。しかし、適当にタイルを並べると効率が悪く、なかなかうまく敷き詰められません。そこで、黄金三角形を使った敷き詰め方を紹介します。

黄金三角形とペンローズ・タイリング

第1章で紹介した黄金三角形（36°, 72°, 72° の二等辺三角形）を用意します。この三角形の大きな特徴は、**図 2.97**のように72°の角を二等分する直線を伸ばして2つの領域に分割すると、黄金三角形と黄金グノーモン（108°, 36°, 36° の二等辺三角形）ができる点です。

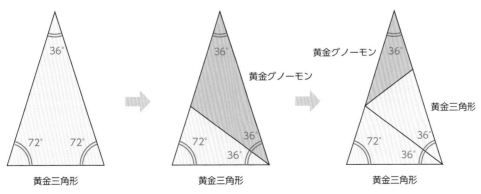

図 2.97 黄金三角形と黄金グノーモン

111

　この黄金グノーモンも、さらに小さな黄金三角形と黄金グノーモンに分解できるという特徴を
持ちます。**図 2.98**のように、元の黄金三角形を108°回転させ、反射させたコピーを貼り付けます
(向きや操作がわかるように、三角形に文字を書いておきます)。こうしてペンローズ・タイルの
「カイト」の形ができます。そして、残りの角に黄金グノーモンを加えます。最後に全体の大きさ
を元の大きさに戻すため、1/φ倍して縮小します。ここまでの操作をまとめて「操作1」とします。

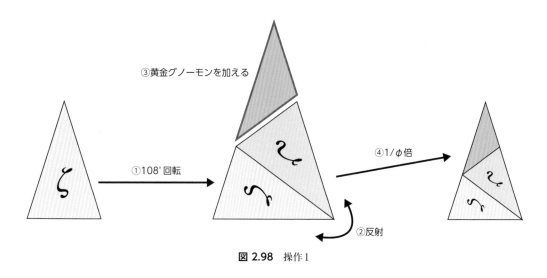

図 2.98　操作1

　次に、操作1を施してできた図形に対して「操作2」を考えます。操作1とほとんど同じですが、
付け加える黄金グノーモンとして、元の黄金三角形の一部を216°回転させたものを使います。

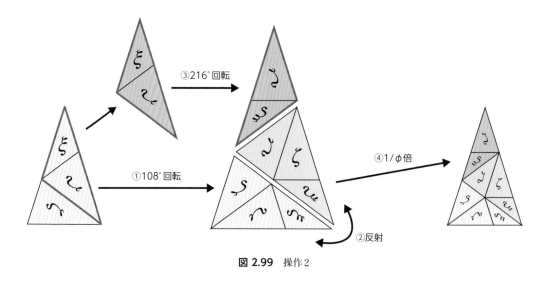

図 2.99　操作2

こうした操作により、黄金三角形と黄金グノーモンによる細かいタイリングができてきます。これ以降は全て同様の操作で、元の図を使ってタイリングをより細かくすることができます。

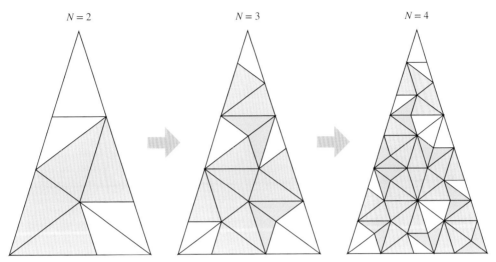

図 2.100 操作を N 回行うことでカイトとダートのタイルができてくる

この操作でできる黄金三角形と黄金グノーモンは内側でうまくペアになり、結果的にカイトとダートのペンローズ・タイリングになります。操作 $N = 10$ となると、とても複雑で美しい模様が出来上がります。

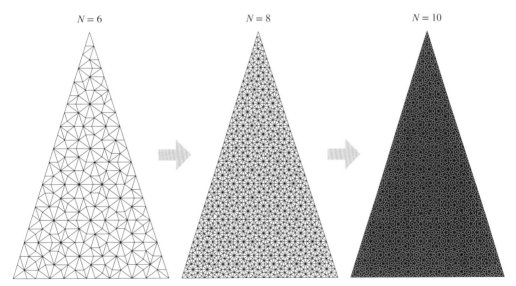

図 2.101 $N = 10$ までの操作でできる模様

トルシェ・タイリング

少し変わったタイプのタイリングについて紹介します。**図2.102**のような対角線に沿って2つのエリアに色分けしたタイルを4種類用意します。

図 2.102　4種類のタイル

これは最初に研究したとされるジャン・トルシェ（Jean Truchet）（1657～1729）の名を冠して、トルシェ・タイリング（Truchet tiling）と呼ばれています。**図2.102**のような4種類のタイルを規則的に並べることで、**図2.103**のように様々な模様を作成できます。

図 2.103　様々なパターンのトルシェ・タイリング

なお、ランダムに並べても美しい模様ができます。モノクロのパターンと、配色されたパターンを作成してみました。

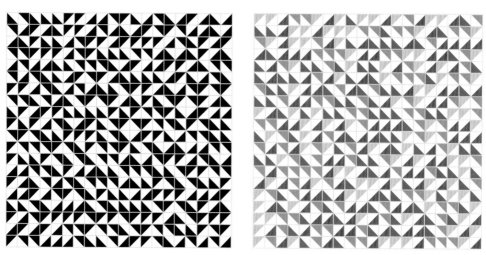

図 2.104　ランダムに並べたトルシェ・タイリング

第 3 章

ストリング・アートの
世界

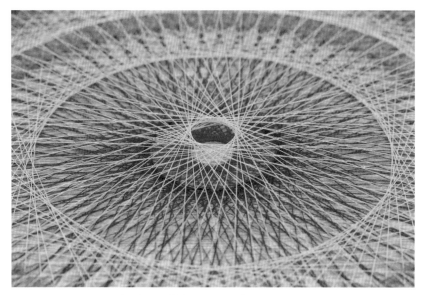

図 3.1　糸を掛けて模様を生み出す "ストリング・アート"

　みなさんはストリング・アート（String art）をご存じでしょうか？　釘に糸を掛けて模様を作るというアートの一種（糸掛け曼荼羅ともいわれています）で、1970年代にアメリカで流行したといわれています。しかしその歴史はさらに古く、オーストリアの哲学者ルドルフ・シュタイナー（Rudolf Steiner）（1861〜1925）による教育プログラム（のちに「シュタイナー教育」といわれます）の中で実践されたといわれています。足し算や掛け算、そして整数の最小単位である素数についても、糸を掛け、体験から学ぶことで子どもたちの理解を促しました。教育的かつものづくりとしても純粋に楽しめるストリング・アート。実は**図 3.2** のように、Excelを使って様々な模様を作り出すことができます。

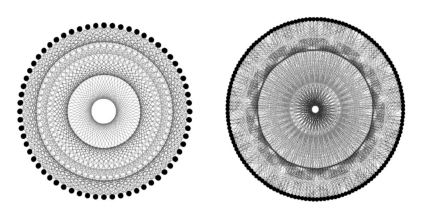

図 3.2　Excelを使った「ストリング・アート」の作成

　構造を理解することで、形を自在に変えて楽しむことができます。創造力と想像力が織りなす、「ストリング・アート」の世界へ出発しましょう。

3.1 Excelで学ぶストリング・アート入門

この節では、Excelを使って実際にストリング・アート（特に円上のストリング・アート）を作成していきます。そのためにまずはExcelの基本操作について簡単にまとめておきます（必要ない方は読み飛ばしても構いません）。さて、まずは「図形を描く」ことの仕組みについて説明します。

Excelで図形を描く

座標という概念

2つの数値のペアを考えます。例えば$(4, 3)$などのような数値のペアは**図 3.3**のように平面上の"点"と対応させることができます。

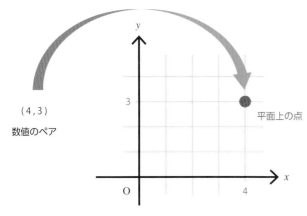

図 3.3　数値のペアと点の対応

図 3.4　ルネ・デカルト

このように、2つの数直線（x軸、y軸）を用いて平面上の点を表すものを座標平面（Coordinate plane）といいます。そのルーツは、フランスの数学者（哲学者）ルネ・デカルト（René Descartes）（1596～1650）の思想とされています。このようなアイデアはとても画期的で、数学の発展にも大きな影響を与えました。例えば座標平面以前の世界と以後の世界を比べてみましょう。

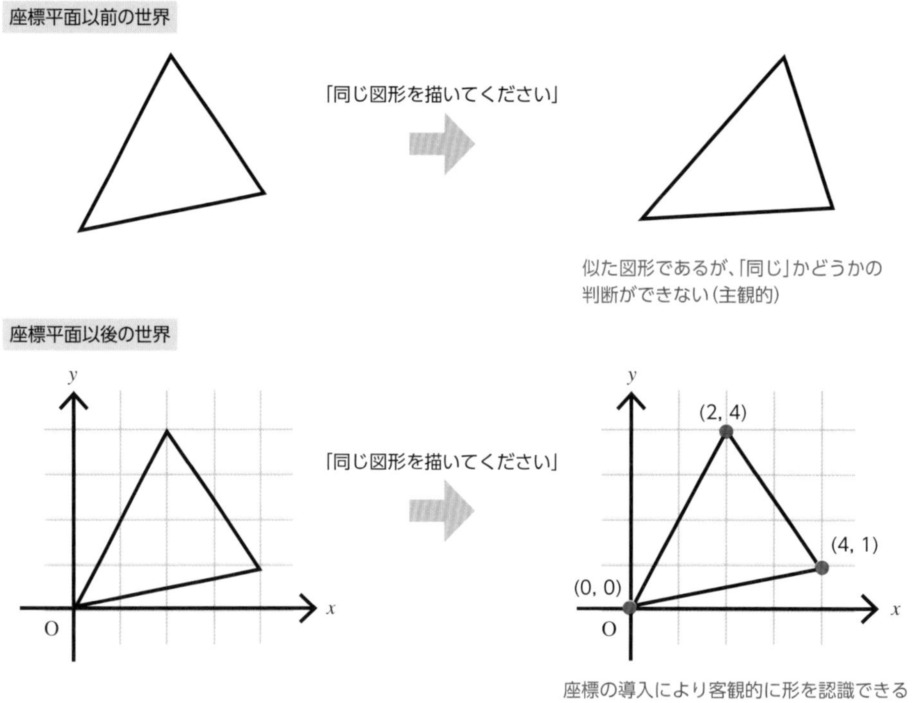

座標平面以前の世界

「同じ図形を描いてください」　➡

似た図形であるが、「同じ」かどうかの
判断ができない（主観的）

座標平面以後の世界

「同じ図形を描いてください」　➡

(2, 4)
(4, 1)
(0, 0)

座標の導入により客観的に形を認識できる

図 3.5　座標平面以前と以後

　やや極端な例ですが、要するに"座標"のおかげで、点の位置やそのつながり、形などの共通認識が可能になったのです。つまり、コンピュータへの入力も可能となります。実際に「三角形を描写する」とはどういうことなのかを**図 3.6**にまとめました。

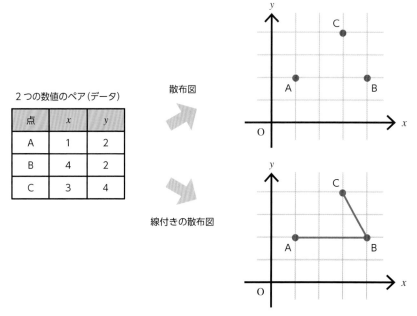

2 つの数値のペア（データ）

点	x	y
A	1	2
B	4	2
C	3	4

散布図

線付きの散布図

図 3.6　描写の流れ

　点の出力は基本的に散布図を利用します。散布図は、与えられた数値のペアを座標平面上に点としてプロットします。点だけを出力する標準的なものから、線でつないだものまでいくつか種類があり、例えば線でつなぐ場合、**図 3.6**のようにA→B→Cと、表の順番に沿って結ばれます。しかし、このデータのままだと三角形の辺CAがありません。そこで**図 3.7**のように4つ目のデータD(1, 2)を付け加えることで三角形ABCを完成させることができます。

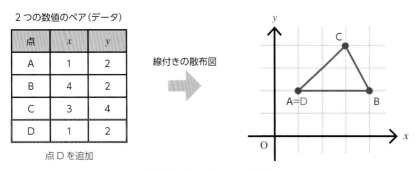

図 3.7　点Dを加えた散布図

　このように、平面上に点をプロットすることがストリング・アートにおける「釘を打つ」こと、また線で結ぶことは「糸を掛ける」ことに対応しています。つまり、点の配置や順番をうまく統制できれば、美しい糸掛け曼荼羅が散布図で再現できるのです。ひとまず上で説明した三角形の描写を、Excelで実行してみましょう。

Excelで描く

　まず、先ほどと同じ表をExcelで作成します。個人的なこだわりとして、表の中は「中央揃え」、項目は「太字、配色」としていますが、特にこだわる必要はありません。

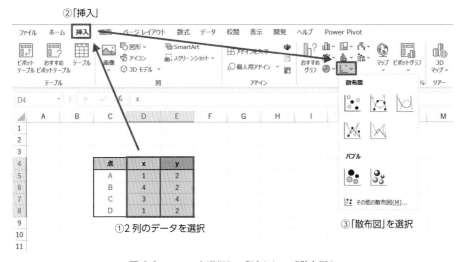

図 3.8　データを選択し、「挿入」→「散布図」

　次に表の中の2列を選択し、そのままの状態で「挿入」、そしてグラフの中にある「散布図」を選択します。なお、選択する2列のデータは最上段の項目ごと選択しても、数値のデータのみを選択してもどちらでも構いません。通常、データ分析として散布図を使うときは図の中に項目名を入れるため、最上段から選択することが多いです。さて、出力する散布図にはいくつか種類があることがわかります。せっかくなので、全種類の出力結果を**図3.9**に載せておきます。

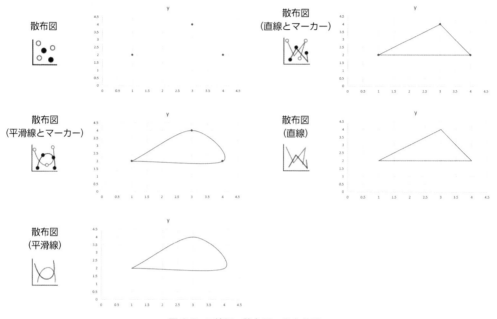

図3.9　5種類の散布図の出力結果

　「散布図」という表記のものは最も標準的なもので、単に点だけがプロットされます。また、「散布図（平滑線とマーカー）」では、スムーズな線で点を結んでくれます。「散布図（直線とマーカー）」は平滑線（スムーズな線）と違って、点を直線で結びます。この他、平滑線、直線の出力において、マーカー（点）を表示しないものもあります。今回は点（釘）と直線（糸）をはっきり描写しておきたいので、「散布図（直線とマーカー）」で出力してみます。こうして得られた散布図には、軸やラベルなどが記載されています。本章では描写された点や結ばれた線の形のみに注目するので、基本的にこれらの項目は全て消しておきます。消し方は**図3.10**のように、「グラフの要素」というところから、チェック欄を全て空にします。

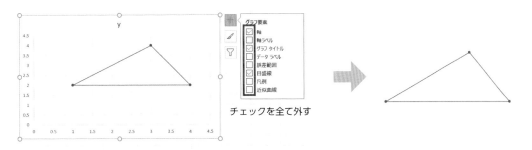

チェックを全て外す

図 3.10 軸やラベルの消去

次に、グラフのサイズについてです。グラフ全体を選択し、右クリックで「グラフエリアの書式設定」を選びます。すると、Excelシートの右側に「グラフエリアの書式設定」が現れます。ここから**図 3.11**のようにサイズを調整することができます。

グラフエリアで右クリック

「グラフエリアの書式設定」

図 3.11 「グラフエリアの書式設定」からサイズを変更

なお、出力されたグラフ全体を「グラフエリア」といい、この中にグラフタイトルや、実際に点がプロットされる座標平面が含まれます。特に座標平面のエリアを「プロットエリア」、プロットされた点を「データ系列」といいます。これらは全て色やサイズを変えるなどの編集が可能です。

点（マーカー）や線の編集

次に、グラフに描かれた点や線の色を変更してみましょう。デフォルトでは青色になっていますが、これらはお好みの色に変更可能です。まず、データ（点や線）を直接クリックし、データ系列を選択します。1回目のクリックでは「データ全体」が、2回目のクリックでは「そのデータ単体」が選択されるので注意が必要です。ここでは全体の色を変更してみましょう。データ全体を選び、右クリックで「データ系列の書式設定」を選択します。右側に現れる設定画面から細かい編集が可能になります。

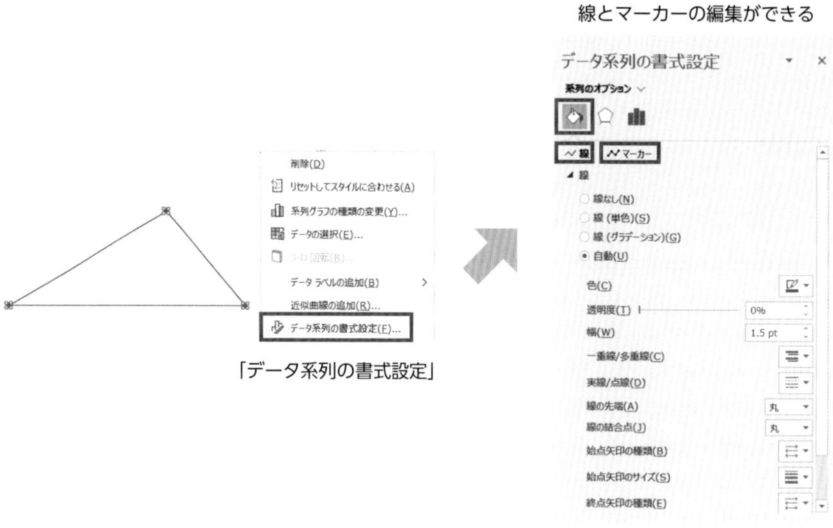

線とマーカーの編集ができる

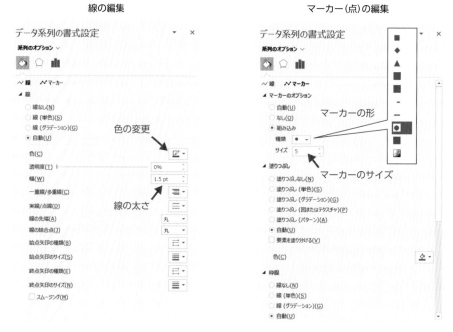

図 3.12　線とマーカーの編集

　マーカー（点）の編集も同様にできます。マーカーに関しては大きさや形も選択可能です（ただし、データの数によって大きさに制限がかかることもあります）。

線の編集　　　　　　　　　　　　　　　　マーカー(点)の編集

図 3.13　色やサイズの変更

正多角形と円

Excelで正多角形を描く

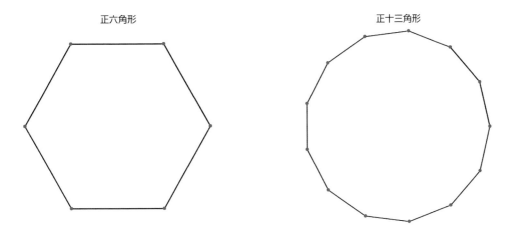

図 3.14 正多角形

　正多角形（Regular polygon）とは、全ての辺の長さが等しく、全ての内角も等しい図形のことを指します。正多角形の頂点は円周上にあることから、「円周上に等間隔に並べて点を結ぶ」ことで正多角形が作成できます。ここでは、普段描く機会の少ない正五角形を作成してみましょう。まず、**図 3.15** のように、番号0〜5の6つの頂点を作成し、1行目にExcelの関数「COS」と「SIN」を使って下までコピーします（細かい数学的な説明は後回しにします）。

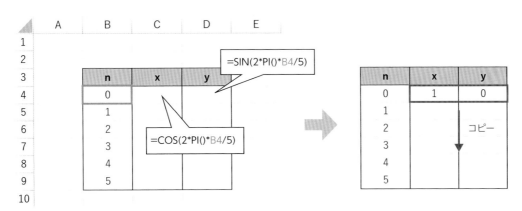

図 3.15 正五角形の頂点のデータを作成

　次に、散布図（線とマーカー）で6つのデータを出力します。

n	x	y
0	1	0
1	0.309017	0.951057
2	-0.80902	0.587785
3	-0.80902	-0.58779
4	0.309017	-0.95106
5	1	-2.5E-16

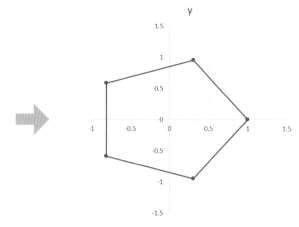

図 3.16　散布図を出力

縮尺の固定

　しかし、点の位置に偏りがあるため（y軸より右に3点、左に2点）、グラフエリアのサイズを正方形にしても横に引き伸ばされた五角形になってしまいます（Excelの自動補正によるもの）。そこで、図形の一番外側の4つの固定点A～Dをデータに加えます。すると、全体のバランスをとることができます。このような操作を「固定」と呼ぶことにします。四隅を固定し、軸やラベル、固定点と線を編集で消す（データ系列の書式設定より、点と線を個別に消す）ことにより、綺麗な正五角形が出来上がります。

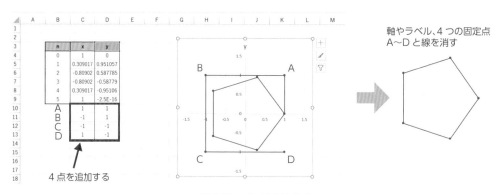

図 3.17　正五角形を作成

　個別に点と線を消す操作はやや面倒ではありますが、綺麗な図形を描写するためにはこの作業はとても重要になります。また、ここでは半径1の円周上の点で正多角形を作っているので「一番外側の点」として$(1, 1), (-1, 1), (-1, -1), (1, -1)$を固定すれば十分でしたが、後ほど扱う螺線やサイクロイドといった曲線では、点の外側の位置が大きく変わる状況が現れます。そういった形状にも対応するためには、例えば、プロットされた点のうち、原点から一番遠いx座標またはy座標の値をRとします。このとき固定点として$(R, R), (-R, R), (-R, -R), (R, -R)$を入力すればよいわけです。このRの求め方は、**図 3.18**のようにExcel関数の「MAX」、「MIN」そして「ABS」を使います。

n	x	y
1	10	8
2	-16	19
3	32	23
4	7	-3
5	-5	9

32

=MAX(MAX(データ全体), ABS(MIN(データ全体)))

図 3.18　絶対値が一番大きい値の求め方

　「MAX」は最大値、「MIN」は最小値、「ABS」は絶対値を出力します。「MAX(データ全体)」で一番大きな値を出力するので、これで十分な気がしますが、マイナスの値も考慮する必要があるため、「ABS(MIN(データ全体))」で一番小さなデータの絶対値を出力し、これらの大きい方を出力することでRが求まります。この固定方法はどんな場合でも使えるので、点の位置が大きく変わる可能性のある図形には積極的に使っていきましょう。

縮尺の固定のテクニック

　「固定」の仕組みについては、先に説明した通りですが、やはり線を消す作業はやや面倒です。実際に、線やマーカーを消した後に線の色を編集すると、消したはずの線が再び現れてしまいます。そこで散布図の仕組みを利用することで、比較的楽に固定できるようにします。散布図は、点の情報（数値のペア）が2行続くことで線を結びます。逆に、間に空白のセルを入れると線は結ばれません。この性質を利用し、**図 3.19** のように4つの固定点を1行飛ばしで入力して散布図を描けば、固定点にともなう線の情報は最初からなくなります。

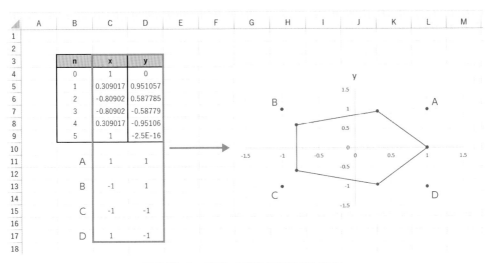

図 3.19　1つ飛ばしの固定点は線で結ばれない

　今後細かい曲線やストリング・アートを描く際は、マーカーも出力しない方が見栄えがよくなります。その場合、このような1つ飛ばしの固定点にしていれば、出力後に消す作業は一切なくなるので便利です。

糸掛け曼荼羅の作成

周期を入れて糸を掛ける

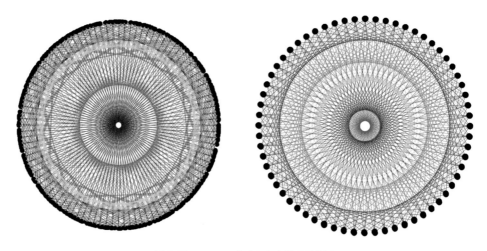

図 3.20　Excelで作成した糸掛け曼荼羅

　ここでは実際に糸掛け曼荼羅（円上のストリング・アート）を作成していきましょう。まず、データの番号を0〜100番まで作成します。今後たくさんの点を使用することがあるので、番号の作成方法をまとめておきました。

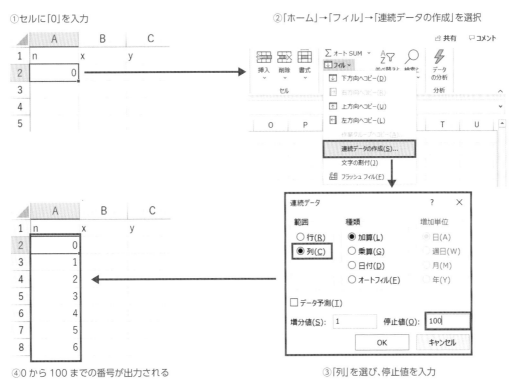

図 3.21　0〜100 までの番号の作成方法

図 3.21 のようにまず、番号の始まり（0）のセルを選択した状態で、「ホーム」→「フィル」→「連続データの作成」を選択します。範囲を「列」にして停止値に「100」を入力すれば終わりです。この方法を使えば、例えば 10000 個のデータの作成も手軽に行えます（第 4 章で活用できます）。続いて、**図 3.22** のように散布図（点とマーカー）で出力します。今回は「N」という表が入ってきます（この N は、以降糸掛係数と呼ぶことにします）。なお、「$D$2」のようにドルマーク（$）でアルファベットを挟むことで、参照先（「D2」）を固定させます。これにより、コピーを行っても参照先が変わりません。これを「絶対参照」といいます（セルを選択し、「F4 キー」または「Fn キー＋F4 キー」を押せば「$」マークが自動的に付きます）。糸掛係数のように参照先を固定する際は多用していきます。

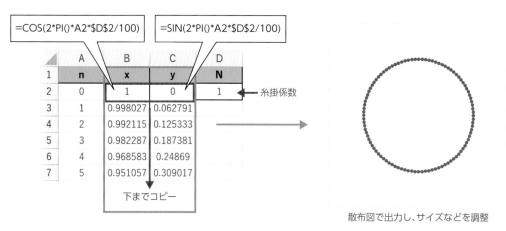

図 3.22　正百角形の作成（糸掛係数は1）

　最初は$N=1$で出力しましょう。すると、100個の頂点を結んだ円に近い正百角形が出来上がります。ここで、Nを変えてみると、糸（線）の掛かり方が変化して様々な模様が出来上がります。

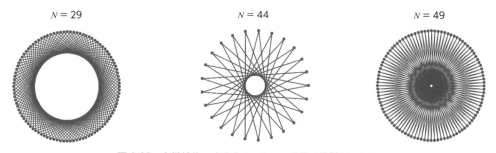

図 3.23　糸掛係数Nを変えることで、糸掛け模様ができる

　Nの値を変え、散布図の図形に変化が現れれば、ひとまず完成です。このように意外にも簡単に糸掛け曼荼羅を作成することができます。なお、複数の（色違いの）糸掛け曼荼羅を重ねれば、より美しい曼荼羅模様を作成することも可能です。具体的には、同じ構造のデータをもう1つ用意して、Nの値と色を変えておきます。例えば図 3.24のように、$N=41$と$N=23$の糸掛けを用意します。そして、重ねる方のデータ（赤）の「グラフエリアの書式設定」から、「塗りつぶしなし」にチェックを入れることで、グラフエリアを透過させます。

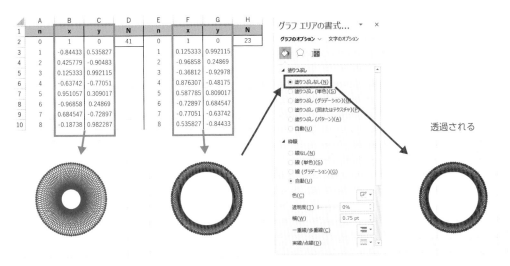

図 3.24 グラフエリアの透過

　重ねる前に2つの糸掛けのグラフエリアのサイズが同じであることを確認しておきます（この例ではサイズを10cm×10cmとしています）。確認ができたら、2つの糸掛けを選択し、「図形の書式」から「配置」を選択して、「左揃え」と「上揃え」を続けて施します（右揃えでも下揃えでも構いません）。こうすることで、糸掛けが見事に重なります。

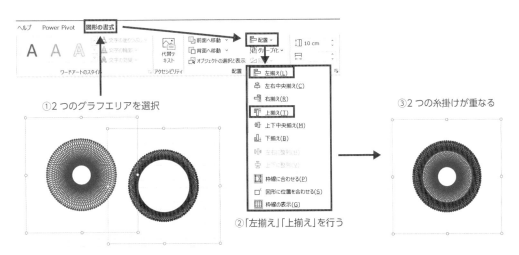

図 3.25 「配置」を使って2つの糸掛けを重ねる

出力される点の個数を変える

　続いて、点の個数（周期）を変える操作を説明します。先ほどの例では、円周上の100等分した点を結んで糸掛け曼荼羅を出力しました。そのため入力の際「COS(2*PI()*B6*$F$6/100)」という具合に、分母に「100」が現れました。101番目（$n = 101$）の点を出力すると、それは1番目の点と同じになるため、分母の「100」は、周期を表していることがわかります。絶対参照を使ってこの周期を変更可能にしてみましょう。

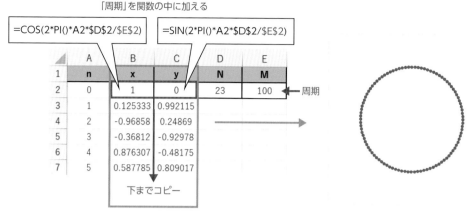

図 3.26 周期 M を加える

　まず、糸掛係数 N とは別に M という表を追加します（はじめは適当に「100」と入力しておきましょう）。そして、**図 3.26** のように1行目の関数を変更し、下までコピーします。コピーが済んだら、M の数値を変えてみます。例えば、$N = 23$ のままで、M の値を「100」から「60」にしてみると、**図 3.27** の中央のように点の数が60個になります。さらにデータの個数が100である状態で周期を $M = 150$ とすると、糸掛けが抜けたような模様が出来上がります。これは、円周上を150等分し、23飛ばしで100個の点を結ぶ模様を表しています。

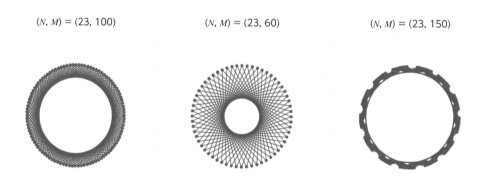

図 3.27 周期 M を変える

　以降、M と書くと周期を表すことにします。また、こうした曲線上の点の配置や糸掛けの Excel による出力は、基本的に1行目に関数を入力し、下までコピーするだけの操作となります。

数学的な説明

　続いて、糸掛け曼荼羅の数学的な構造について簡潔に説明していきます。まず、描写する際に使った三角比 $\cos, \sin$ についてです。これらは元々、**図 3.28** のような直角三角形の辺の比として説明されます。

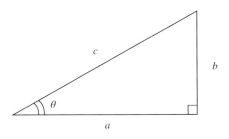

図 3.28　直角三角形と三角比

3

　直角三角形の一番長い辺 c を斜辺と呼び、**図 3.28** のように斜辺と手前の辺の長さ a との比を $\cos\theta$、斜辺と向かい側の辺の長さ b との比を $\sin\theta$ と表します。これらは長さの比なので、相似な三角形に対して全て、同じ値が対応します。つまり $0 \sim \pi/2$ までの角度に対して $\cos, \sin$ の値が定まり、角度に関する関数と捉えることができます。これを三角関数と呼びます。さて、**図 3.28** の a, b, c と $\cos\theta, \sin\theta$ の関係を、a, b について整理してみましょう。

$$\begin{cases} \cos\theta = \dfrac{a}{c} \\ \sin\theta = \dfrac{b}{c} \end{cases} \iff \begin{cases} a = c\cos\theta \\ b = c\sin\theta \end{cases}$$

こうして、a と b のペアを xy 平面上の点と考えると、点 (a, b) の位置は、「原点から角度 θ の方向に c 進んだ位置」と考えることができます。

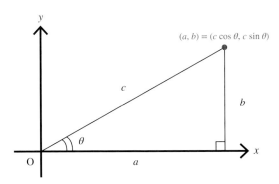

図 3.29　平面上の点

　この捉え方により、$\pi/2$ 以上の角度に対しても $\cos, \sin$ の値を考えることができます。こうして半径 c の円周上の点は三角関数 $\cos, \sin$ を使って表すことが可能となります。今回は基本的に半径 1 のものを考えているので $c = 1$ とします。このとき円周上を M 等分した点（周期 M の点）の列は次のように表すことができます。

$$\begin{cases} x_n = \cos\dfrac{2\pi n}{M} \\ y_n = \sin\dfrac{2\pi n}{M} \end{cases}$$

Excel ではこのような点の列（点列）を散布図として出力しています。次に糸掛係数 N についてです。まずは具体的に 5 つの点を使って説明します。円周上に等間隔で並ぶ 5 つの点の角度の並びは

$(1, 0)$から反時計周りに

$$\left\{0, \frac{2\pi}{5}, \frac{4\pi}{5}, \frac{6\pi}{5}, \frac{8\pi}{5}, 2\pi\right\}$$

となります。この並びに糸掛係数2を入れることは、それぞれの角度を2倍することを意味します。つまり、角度の並びは

$$\left\{0 \times 2, \frac{2\pi \times 2}{5}, \frac{4\pi \times 2}{5}, \frac{6\pi \times 2}{5}, \frac{8\pi \times 2}{5}, 2\pi \times 2\right\} = \left\{0, \frac{4\pi}{5}, \frac{8\pi}{5}, \frac{12\pi}{5}, \frac{16\pi}{5}, 4\pi\right\}$$

となります。ここで1周が2πであることから「$\theta + 2\pi n$の位置」＝「θの位置」であることがわかります（つまり、n周しても同じ角度）。したがって糸掛係数2の点の並びは

$$\left\{0, \frac{4\pi}{5}, \frac{8\pi}{5}, \frac{2\pi}{5}, \frac{6\pi}{5}, 2\pi\right\}$$

と同じです。こうして「糸掛係数N」は糸掛けにおける「N個先の釘に糸を掛け続ける操作」を意味します。

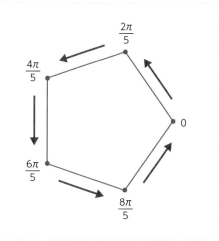

$$0 \rightarrow \frac{2\pi}{5} \rightarrow \frac{4\pi}{5} \rightarrow \frac{6\pi}{5} \rightarrow \frac{8\pi}{5} \rightarrow 0$$

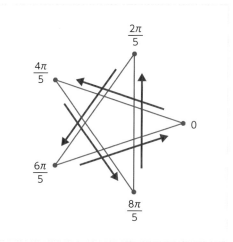

$$0 \rightarrow \frac{4\pi}{5} \rightarrow \frac{8\pi}{5} \rightarrow \frac{2\pi}{5} \rightarrow \frac{6\pi}{5} \rightarrow 0$$

図 3.30 糸掛係数により、掛かる順番が変わる様子

次に糸掛係数の意味を別の視点で捉えてみましょう。円周上の点をM等分した角度の並びを全てN倍することから、**図 3.31**のような数直線の拡大と考えることができます。

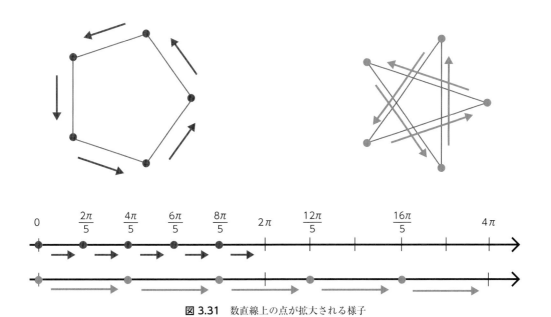

図 3.31 数直線上の点が拡大される様子

「糸掛係数をNにする」とは、0から2πまでの区間が0から$2\pi N$までの区間に拡大されると考えます。このとき、2πの整数倍（$2\pi k$の形）の位置はスタート地点0と同じであることに注意します。N倍した最後の角度は$2\pi N$なので、最初の位置（角度0）と同じです。しかし、もし途中で最初の位置に戻っていたとすると、そこから同じ動きが繰り返されることになります。途中のn番目（$2\pi\frac{nN}{M}$）で最初の位置に戻ったとします。これはnNがMで割り切れることを意味します。そのような場合、最後の$2\pi N$はn番目までの糸掛けを何回か繰り返された後の点となります。例えばd回繰り返して$2\pi N$にたどり着いた場合、ただちに$N = nd$とわかります。したがって、もしn番目の点が最初の位置に戻ることがあれば、そのnはNの約数でなくてはいけません。例えば$M = 24, N = 6$とすると、円周上を24等分し、6個先の釘に糸を掛けることになります。この場合、4回糸を掛けると元の位置に戻り、結果的に正方形の形になります。これは24が6で割り切れることが原因です。逆に、途中で一度も最初の位置に戻らない場合を考えてみましょう。つまり、$1 \leq n \leq M-1$に対して、nNがMで割り切れない場合です。これはNとMが共通の約数を持たないことを意味します。もし共通の約数dがあり、$N = dN', M = dM'$と表せたとします。このとき

$$\frac{2\pi nN}{M} = \frac{2\pi ndN'}{dM'} = \frac{2\pi nN'}{M'}$$

となりますが、$0 < M' < M$であることから、$n = M'$のとき$\frac{2\pi nN}{M} = 2\pi N'$となって、最初の位置に戻ってしまいます。また、与えられた自然数MとNが共通の約数を持たないときMとNは互いに素（Coprime）であるといいます。例えば$M = 24, N = 7$は互いに素なので、全ての点を通るような曼荼羅模様となります。以上の考察から次が成り立ちます。

> MとNが互いに素であるとき、点の周期M、糸掛係数Nの糸掛け曼荼羅は全て異なる点を通る模様になる。

なお、Nの大きさは通常M未満の値を考えます。なぜなら$N = kM + l$の場合、$\frac{2\pi nN}{M} = 2\pi nk + \frac{2\pi nl}{M}$となり、位置としては$\frac{2\pi nl}{M}$と同じになるためです。またこの結論の応用として、素数個の点を考えます。つまりMが素数のとき、どんな糸掛係数$0 < N < M$をとっても全ての点を通る糸掛けになることがわかります。

非整数糸掛け曼荼羅

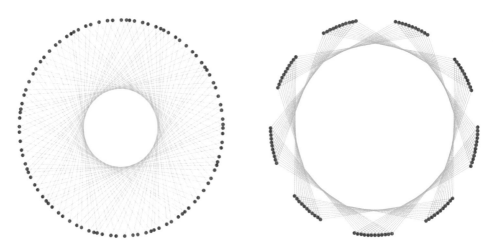

図 3.32 非整数糸掛け曼荼羅

ここまでは、整数M, Nを使って糸掛けの説明を行ってきました。MやNが整数だけでなく、「$\sqrt{5}$」といった無理数の場合に糸掛けを行ってみます。やり方は通常の糸掛けと同じで、MやNの部分を変えるだけです。

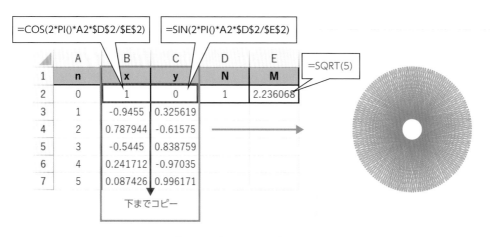

図 3.33 糸掛係数を非整数にした場合

　例えば**図 3.33** のように、周期 M を無理数である $\sqrt{5}$ に変えて出力してみます。このように、周期を無理数に変えると点は円周上に散らばってしまい、N をどんな整数にしても多角形になることはありません（つまり、線が閉じることがありません）。また、データの個数が少ないと点の位置に偏りが生じるので、なるべく多くのデータで作成することをオススメします。**図 3.33** では 0 〜 500 までのデータで作成しています。

3.2　螺線のアート

図 3.34　Excel を用いた螺線の作成

　螺線（Spiral）とは、半径が一定である「円」と違い、半径が角度によって変化（単調増加または単調減少）する曲線のことを指します。「らせん階段」といった 3 次元的な曲線も同じく「らせん」といいますが、漢字の「螺旋」を使い区別します。ここでは 2 次元の螺線を扱います。まずは、**図 3.34** のような 2 種類の螺線を描いてみましょう。

アルキメデス螺線を描く

　図3.35のように関数を入力し、コピーしてみましょう。散布図の出力はx, yの2列です。なお、コピーするデータ数は1000ぐらいあると模様の細かい変化が楽しめます。

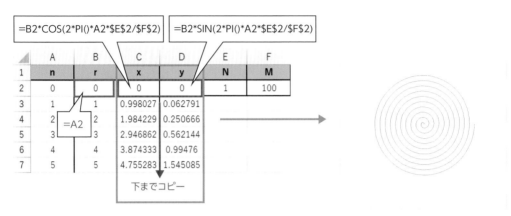

図3.35　アルキメデス螺線を描く

対数螺線（ベルヌーイ螺線）を描く

　続いて、半径の関数をe^θという対数関数を使ったタイプの対数螺線（ベルヌーイ螺線）を描いてみます。**図3.36**のように、要領はアルキメデス螺線と同じで、関数を入力してx, yの2列で散布図を出力します。

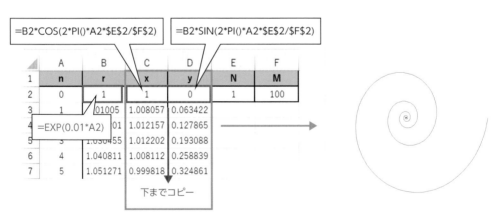

図3.36　対数螺線を描く

　糸掛係数や周期を変えてみると様々な模様が描けます。半径は単調に変化していくため、円周上の糸掛け曼荼羅とは異なりM等分した点の中で完結するのではなく、点は常に広がっていく点に注意してください。

図 3.37　$N = 33, M = 199$ のアルキメデス螺線（左）と $N = 57, M = 100$ の対数螺線（右）

螺線の数学的な説明

　最初に描いた螺線は、半径 r が角度 θ の1次関数（$a\theta + b$ 型）で変化しています。このような螺線をアルキメデス螺線（Archimedean spiral）といいます。また後に描いた螺線のように、半径 r が角度 θ の指数関数（$ae^{b\theta}$ 型）として変化するとき、対数螺線（Logarithmic spiral）あるいはベルヌーイ螺線（Bernoulli spiral）といいます。より一般に半径を角度 θ の関数 $r(\theta)$ とすると、x, y は角度 θ という変数（媒介変数といいます）を使って次のように表すことができます。

$$\begin{cases} x = r(\theta)\cos\theta \\ y = r(\theta)\sin\theta \end{cases}$$

このような式を媒介変数表示といい、$r(\theta)$ の関数が変われば描かれる螺線の種類も変わってきます。

$r(\theta)$	名称
$a\theta + b$	アルキメデス螺線
$ae^{b\theta}$	ベルヌーイ螺線（対数螺線）
$a\sqrt{\theta}$	フェルマー螺線（放物螺線）
a/θ	双曲螺線
$a/\sqrt{\theta}$	リチュース螺線

表 3.1　様々な螺旋

　$r(\theta) = a\sqrt{\theta}$ のタイプの場合をフェルマー螺線（Fermat's spiral）または放物螺線（Parabolic spiral）といいます。半径の増加が緩くなっていくので、渦の間隔が狭くなっていくという特徴があります。実際に Excel で $a = 1$ とし、0〜1000 までのデータを使って作成して糸掛けを行うと、**図 3.38** のような模様が出来上がります。

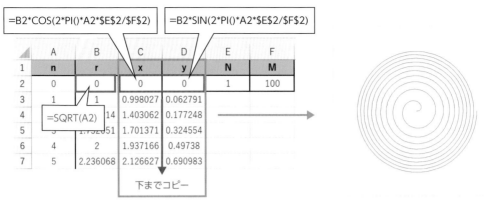

図 3.38　フェルマー螺線を描く

　糸掛係数を変えることで様々な模様ができます。また、フェルマー螺線を使って、ひまわりの種の配置を作成することも可能です。第1章で紹介したように、種の理想的な位置は、開度を黄金角度にするとシミュレーションできます。特に点が平面に隙間なく広がるような半径の変化はフェルマー螺線で再現できます。具体的には $M = \phi$（黄金比 $\dfrac{1+\sqrt{5}}{2}$）とし、線をつなげずにマーカーのみを出力することで、**図 3.39** の右のような模様が作成できます。

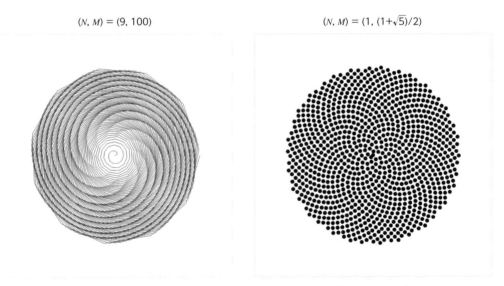

図 3.39　データ数1000で作成（$M = \phi$ のとき、ひまわりの種の配置となる）

　さらに、$r(\theta) = \dfrac{a}{\theta}$ のタイプの場合を双曲螺線（Hyperbolic spiral）と呼びます。これは反比例のグラフが $x \to +0$ で y 軸に漸近するように、$\theta \to 0$ で $y = a$ に漸近します。このことは、媒介変数表示で極限をとるとイメージできます。

$$\lim_{\theta \to +0} x = \lim_{\theta \to +0} \frac{a\cos\theta}{\theta} = \infty$$

$$\lim_{\theta \to +0} y = \lim_{\theta \to +0} \frac{a\sin\theta}{\theta} = a$$

実際に $a = 1$ として Excel で作成すると**図 3.40** のようになります。

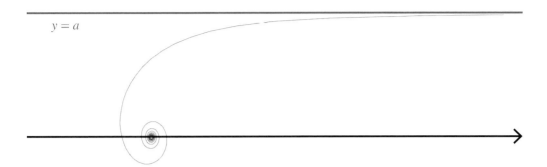

図 3.40 $M = 40$ の双曲螺線

最後に、$r(\theta) = \dfrac{a}{\sqrt{\theta}}$ のタイプの場合をリチュース螺線（Lituus spiral）と呼びます。$\theta \to +0$ で x 軸に漸近することを式で確認しましょう。

$$\lim_{\theta \to +0} x = \lim_{\theta \to +0} \frac{a\cos\theta}{\sqrt{\theta}} = \infty$$

$$\lim_{\theta \to +0} y = \lim_{\theta \to +0} \frac{a\sin\theta}{\sqrt{\theta}} = 0$$

実際に $a = 1$ として Excel で作成すると**図 3.41** のような曲線が出来上がります。

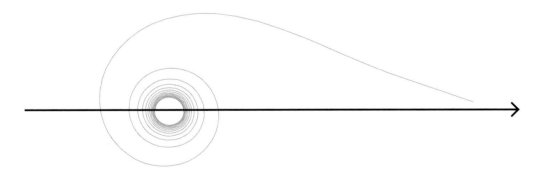

図 3.41 $M = 40$ のリチュース螺線

■ クロソイド曲線

図 3.42　*クロソイド曲線*

　これまで紹介してきた螺線とやや系統の異なる有名な螺線としてクロソイド曲線（Clothoid curve）（またはオイラー螺線（Euler spiral））があります。この曲線は高速道路や一般道のカーブに利用されています。車を運転する際、ハンドルをまっすぐにすることで車は直進します。そして、ハンドルを一定の角度に傾けたまま出発すると、車は円を描きます。高速道路のジャンクションなどの極端なカーブでは、複雑なハンドル操作なしで曲がれるように円弧のカーブになっています。しかし、直線の動きから円弧の動きに急に切り替えることはできません。まっすぐなハンドルを瞬時に「ちょうどよい角度」に切ることはなかなか難しいですし、場合によっては事故が発生してしまいます。実際にはハンドルを「ちょうどよい角度」にもっていくまで、ハンドルを傾ける動作が必ずあり、この間も車は曲がっていきます。

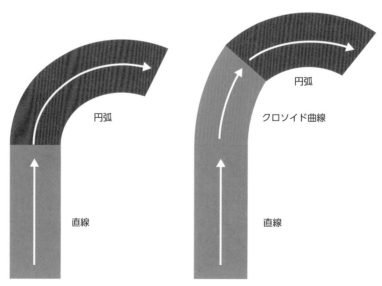

図 3.43　道路の中のクロソイド曲線

　実は、一定のスピードでハンドルを傾けるときに車が描くカーブこそ「クロソイド曲線」なので

す。この曲線を直線と円弧の間に埋め込むことで、安全に運転ができるようになっています。この
ことからクロソイド曲線は「緩和曲線」ともいわれています。さて、とても身近に感じられるよう
になったこのクロソイド曲線。媒介変数表示があれば比較的簡単にExcelで描写できますが、クロ
ソイド曲線の媒介変数表示は積分を使った複雑な形をしています。

$$\begin{cases} x(t) = \int_0^t \cos \dfrac{s^2}{2} ds \\ y(t) = \int_0^t \sin \dfrac{s^2}{2} ds \end{cases}$$

このような積分はフレネル積分（Fresnel integral）と呼ばれ、光学の世界でも現れます。このよ
うに、点が積分で定められ、簡単な関数（少なくともExcelの関数）では直接表すことができない
ため、描写するには工夫する必要があります。そこで、両辺をtで微分し、次のような微分方程式
に書き換えます。

$$\begin{cases} \dfrac{dx(t)}{dt} = \cos \dfrac{t^2}{2} \\ \dfrac{dy(t)}{dt} = \sin \dfrac{t^2}{2} \end{cases}$$

微分dx/dtとは「わずかなtの変化とそれによるxの変化の比」を意味しているので、この「わず
かなtの変化」を例えば具体的に「0.001」と決めておけば、Excelでの描写が簡潔になります。実
際に次のような点列の差分方程式に置き換えます。

$$\begin{cases} \dfrac{x_{n+1} - x_n}{0.001} = \cos \dfrac{t_n^2}{2} \\ \dfrac{y_{n+1} - y_n}{0.001} = \sin \dfrac{t_n^2}{2} \end{cases} \iff \begin{cases} x_{n+1} = x_n + 0.001 \cdot \cos \dfrac{t_n^2}{2} \\ y_{n+1} = y_n + 0.001 \cdot \sin \dfrac{t_n^2}{2} \end{cases}$$

ここで$t_n = 0.001 \times n$とします。このような漸化式の形はExcelと相性がよいので簡単に描くこと
ができます。**図3.44**のように関数を入力し、$t = 100$から$t = -100$までで散布図を作成してみま
しょう。データ数も増やしていることに注意してください。

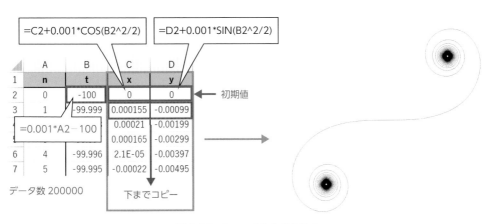

図3.44 クロソイド曲線を描く

また、クロソイド曲線に「糸掛係数」を入れてみましょう。螺線の場合、閉じた曲線（閉曲線）
と違い、配置が入れ替わるわけではなく、螺線がどんどん伸びていきます。実際にNを**図3.45**の

141

ように導入し、N = 121 としてみると複数の幻想的なクロソイド曲線が現れます。

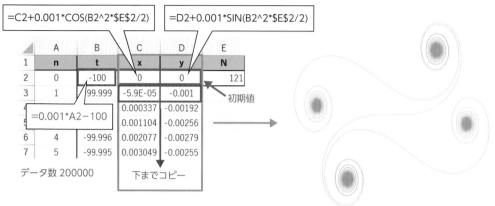

図 3.45　クロソイド曲線に糸掛係数 N を施す

3.3　エピサイクロイドとハイポサイクロイド

エピサイクロイドを描く

　エピサイクロイドという曲線を描いてみましょう。**図 3.46** のように、やや関数の部分が長いですが、これまでと同様に 1 行目をコピーし、散布図で出力します（ここでは 0〜100 までのデータで作成しています）。糸掛係数によっては形が大きく崩れる場合があるので、表の終わりに四隅を「固定」しておくことをオススメします。

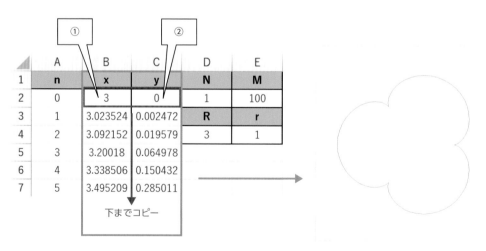

①=($D$4+$E$4)*COS(2*PI()*A2*$D$2/$E$2)−$E$4*COS(2*PI()*($D$4+$E$4)*A2*$D$2/($E$4*$E$2))

②=($D$4+$E$4)*SIN(2*PI()*A2*$D$2/$E$2)−$E$4*SIN(2*PI()*($D$4+$E$4)*A2*$D$2/($E$4*$E$2))

図 3.46　エピサイクロイドを描く

ハイポサイクロイドを描く

エピサイクロイド同様に、ハイポサイクロイドといわれる閉曲線を描きます。

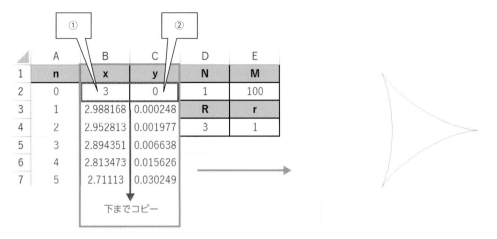

①=($D$4−$E$4)*COS(2*PI()*A2*$D$2/$E$2)+$E$4*COS(2*PI()*($D$4−$E$4)*A2*$D$2/($E$4*$E$2))
②=($D$4−$E$4)*SIN(2*PI()*A2*$D$2/$E$2)−$E$4*SIN(2*PI()*($D$4−$E$4)*A2*$D$2/($E$4*$E$2))

図 3.47 ハイポサイクロイドを描く

エピサイクロイド、ハイポサイクロイドの糸掛係数NやR、rの値を変えると、様々な模様が出来上がります。Rとrは、$\frac{R}{r}$が整数になるような組み合わせにすると、曲線が元の位置に戻ります。

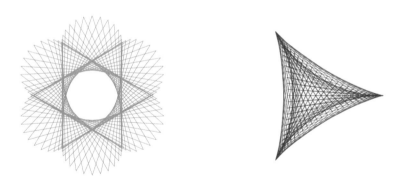

図 3.48 $(N,R,r)=(37,6,1)$のエピサイクロイド（左）と$(N,R,r)=(53,3,1)$のハイポサイクロイド（右）

サイクロイド曲線

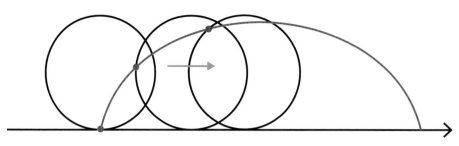

図 3.49　直線上で円を転がしたときの点の軌跡

　図 **3.49** のように、円を転がしてみましょう（滑らないものとします）。このとき、円上の1点が描く軌跡は**サイクロイド**（Cycloid）と呼ばれます。転がる円の半径をrとすると、サイクロイドの媒介変数表示は次のようになります。

$$\begin{cases} x = r(\theta - \sin\theta) \\ y = r(1 - \cos\theta) \end{cases}$$

この導出についてベクトルを使って説明しましょう。動く点をPとして、その成分を(x, y)と置きます。また半径rの円が角度θ転がったときの図を**図 3.50** に示します。Oは始点、Aは円の中心、Bは接点です。

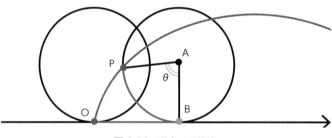

図 3.50　動点Pの軌跡

　転がることから、弧PBの長さ$r\theta$は、OBと一致することに注意します。また、$\overrightarrow{\mathrm{OP}} = \overrightarrow{\mathrm{OA}} + \overrightarrow{\mathrm{AP}}$であることから次が得られます。

$$\begin{pmatrix} x \\ y \end{pmatrix} = \begin{pmatrix} r\theta \\ r \end{pmatrix} + \begin{pmatrix} -r\sin\theta \\ -r\cos\theta \end{pmatrix} = \begin{pmatrix} r(\theta - \sin\theta) \\ r(1 - \cos\theta) \end{pmatrix}$$

サイクロイドは自転車の車輪の軌跡など、日常生活のいたるところで現れます。さらに次のような極めて美しい性質が知られています。

サイクロイドは最速降下線である。

最速降下線とは、**図**3.51のように2つの地点から円を転がす（滑らないとします）とき、最も速く転がるような曲線を指します。実は直線よりもサイクロイド型のカーブを掛けた方が速く下の地点に到達するのです。

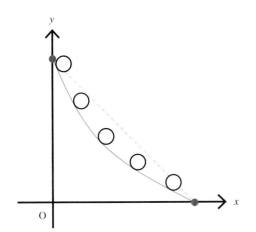

図3.51　最速降下な曲線を探す問題とその応用（ジェットコースター）

「どんな曲線が最速となるか」という問題の発端はガリレオ・ガリレイ（Galileo Galilei）（1564〜1642）によるものといわれています。17世紀にヨハン・ベルヌーイ（Johann Bernoulli）（1667〜1748）によって問題が再提起され、その後の微積分の発展もあり、この解がサイクロイドであることが示されました。現代ではこの応用として、ジェットコースターのコースに最速降下線であるサイクロイドが使われることがあります。

エピサイクロイドとハイポサイクロイド

サイクロイドは直線上を転がすときにできる軌跡でした。次は円周上の外側と内側を転がしてみます。

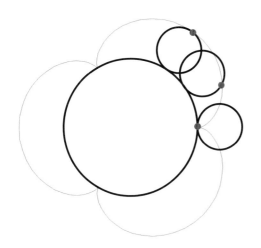
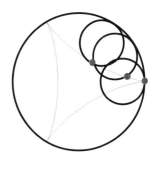

図3.52　エピサイクロイド（左）とハイポサイクロイド（右）

外側を転がしてできる円上の点の軌跡を**エピサイクロイド**（Epicycloid）といい、内側を転がしてできる軌跡を**ハイポサイクロイド**（Hypocycloid）と呼びます。土台となる円の半径をR、転がす円の半径をrとします。このとき、エピサイクロイドの媒介変数表示は次のようになります。

$$
\begin{cases}
x = (R + r)\cos\theta - r\cos\left(\dfrac{R+r}{r}\theta\right) \\
y = (R + r)\sin\theta - r\sin\left(\dfrac{R+r}{r}\theta\right)
\end{cases}
$$

この式の導出を説明しましょう。次の**図 3.53**の点Pの位置を(x, y)として、ベクトル$\overrightarrow{\mathrm{OP}}$を$\theta, R, r$を用いて表すことを目標とします。

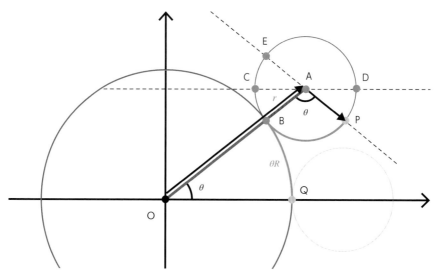

図 3.53　エピサイクロイドの媒介変数表示の導出

まず$\overrightarrow{\mathrm{OP}} = \overrightarrow{\mathrm{OA}} + \overrightarrow{\mathrm{AP}}$であるので、それぞれのベクトルの成分を求めていきます。$\overrightarrow{\mathrm{OA}}$に関しては角度$\theta$、長さ$R + r$のベクトルなので、

$$
\overrightarrow{\mathrm{OA}} = \begin{pmatrix} (R + r)\cos\theta \\ (R + r)\sin\theta \end{pmatrix}
$$

であることがただちにわかります。次に$\overrightarrow{\mathrm{AP}}$について考えてみます。長さは$r$のベクトルですが、向きの情報が足りません。そこで、**図 3.53**の中の角度θ'を求めてみましょう。これは弧QBと弧PBが同じ長さであることから$\theta R = \theta' r$が成り立ち、$\theta' = \dfrac{R}{r}\theta$とわかります。また、角BACは$\theta$なので、角DAEは$\theta + \theta' = \dfrac{R + r}{r}\theta$となります。よって、

$$
\overrightarrow{\mathrm{AP}} = -\overrightarrow{\mathrm{AE}} = \begin{pmatrix} -r\cos\left(\frac{R+r}{r}\theta\right) \\ -r\sin\left(\frac{R+r}{r}\theta\right) \end{pmatrix}
$$

となり、$\overrightarrow{\mathrm{OP}}$は

$$
\overrightarrow{\mathrm{OP}} = \begin{pmatrix} (R + r)\cos\theta \\ (R + r)\sin\theta \end{pmatrix} + \begin{pmatrix} -r\cos\left(\frac{R+r}{r}\theta\right) \\ -r\sin\left(\frac{R+r}{r}\theta\right) \end{pmatrix} = \begin{pmatrix} (R + r)\cos\theta - r\cos\left(\frac{R+r}{r}\theta\right) \\ (R + r)\sin\theta - r\sin\left(\frac{R+r}{r}\theta\right) \end{pmatrix}
$$

となって、媒介変数表示が得られました。同様の考察により、円周の内側を回るハイポサイクロイドの媒介変数表示も求めることができます。

$$
\begin{cases}
x = (R - r) \cos \theta + r \cos \left(\dfrac{R - r}{r} \theta \right) \\
y = (R - r) \sin \theta - r \sin \left(\dfrac{R - r}{r} \theta \right)
\end{cases}
$$

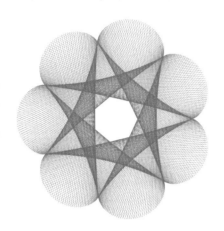 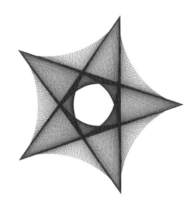

図 3.54　$(N, M, R, r) = (307, 500, 7, 1)$ のエピサイクロイド（左）と
$(N, M, R, r) = (197, 500, 5, 1)$ のハイポサイクロイド（右）

3.4　スピログラフとトロコイド曲線

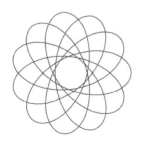  

図 3.55　スピログラフで描かれる模様の例

イギリスの発明家デニス・フィッシャー（Denys Fisher）（1918〜2002）によって考案された、スピログラフ（Spirograph）というおもちゃがあります。**図 3.56** のように、大きな歯車型の穴の内側に小さな歯車が回るようになっており、この小さい歯車の内側にある空いた穴に鉛筆やペンの先を入れて歯車を転がすことで模様を描くことができます。

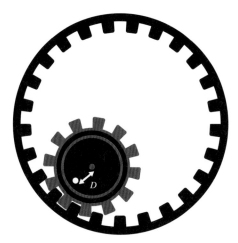

図 3.56　歯車を転がす

　転がす歯車の大きさや、ペン先を入れる穴の位置によって、模様は大きく変化します。この曲線の構造を詳しく見ていきましょう。ペン先が歯車上にある場合は、前節で紹介したハイポサイクロイドそのものです。大きな円の半径 R と小さな円の半径 r の比を

$$R : r = n : 1$$

と設定すると、「小さな円が n 回転がることで大きな円を 1 周し、元の位置に戻る」ようなハイポサイクロイドが出来上がります。しかし、半径の比はより一般に考えても問題ありません。例えば、互いに素な自然数 n, m に対し、

$$R : r = n : m$$

と設定すると「小さな円が n 回転がることで大きな円を m 周し、はじめて元の位置に戻る」ようなハイポサイクロイドとなります。

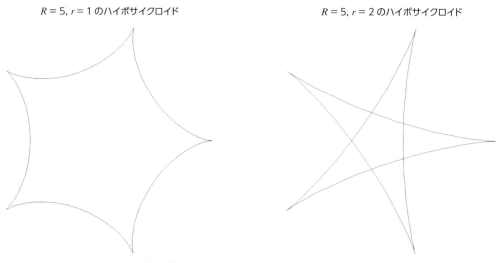

$R = 5, r = 1$ のハイポサイクロイド　　　　　　　$R = 5, r = 2$ のハイポサイクロイド

図 3.57　半径の比を変えたハイポサイクロイド

ただしExcelで描く際、点の個数が少ないと曲線が途中で止まってしまうので、点の個数は十分大きくしておきましょう。ではスピログラフの話に戻ります。スピログラフは、ハイポサイクロイドと違って、転がる円の円周上の点の軌跡を見るのではなく、点の位置が円の内側（あるいは外側）であるような場合を考えています。このように、転がす小円の中心からの距離 D という自由度を加えることでできる曲線をハイポトロコイド（Hypotrochoid）といいます。$D = r$ のとき、ハイポサイクロイドに一致することから、ハイポトロコイドはハイポサイクロイドの一般化と考えられます。同様に、通常のサイクロイドやエピサイクロイドも、転がす円の中心からの距離 D の位置の点の軌跡を考えることで、トロコイドやエピトロコイドができます。

ハイポトロコイドを描く

本書ではハイポトロコイドの描き方を解説します。**図 3.58** のような長い関数をセルに入力しますが、ハイポサイクロイドとほとんど同じで、図中の関数内の赤い部分だけ修正すればハイポトロコイドとなります。ただし、上の式の D の部分は小円の半径 r を基準に $D = r/d$ と設定しています。これにより、$d = 1$ のときハイポサイクロイドと一致します。

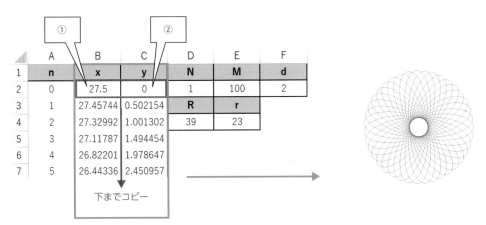

①=($D$4－$E$4)*COS(2*PI()*A2*$D$2/$E$2)+($E$4/$F$2)*COS(2*PI()*($D$4－$E$4)*A2*$D$2/($E$4*$E$2))

②=($D$4－$E$4)*SIN(2*PI()*A2*$D$2/$E$2)－($E$4/$F$2)*SIN(2*PI()*($D$4－$E$4)*A2*$D$2/($E$4*$E$2))

図 3.58 ハイポトロコイドを描く（データ数10000）

(N, M, d, R, r) を変えることで様々な模様が生まれます。

$(N, M, d, R, r) = (2, 100, 3, 373, 671)$ $(N, M, d, R, r) = (4, 257, 2, 103, 177)$

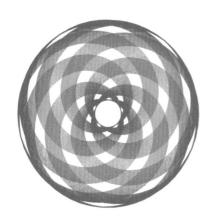
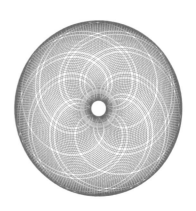

図 3.59 (N, M, d, R, r) を変えてみる（データ数 10000）

点の個数を増やし、線の細さを最小にするとより細かい描写ができます。さらに、背景や線の色を調整することで細かい描写が際立ちます。例えば**図 3.60**では、背景を黒、線の色を白として出力してみました。

$(N, M, d, R, r) = (167, 300, 5/6, 13, 5)$ $(N, M, d, R, r) = (151, 691, 3, 11, 7)$

図 3.60 背景を黒、線を白に（データ数 1000）

3.5 リサージュ曲線

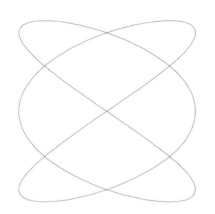

図 3.61 $(3, 2)$ 型リサージュ（左）と $(1, 2)$ 型リサージュ（右）

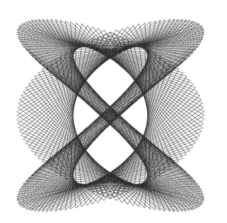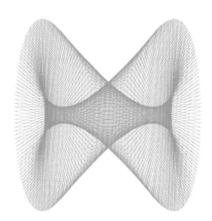

図 3.62 2つのリサージュ曲線上でのストリング・アート

図 3.61、**図 3.62** のような美しい模様はリサージュ曲線（Lissajous curve）（あるいはリサジュー曲線）と呼ばれ、フランスの物理学者ジュール・アントワーヌ・リサージュ（Jules Antoine Lissajous）（1822〜1880）によって 1855 年に考案されました。縦方向と横方向の上下振動が同じ周期である円に対して、異なる周期により生まれるのがこのリサージュ曲線です。

リサージュ曲線を描く

円周上の糸掛けと同様に、リサージュ曲線の描画には cos と sin を使います。**図 3.63** のように関数を入力し、a と b の値を変えてみましょう。

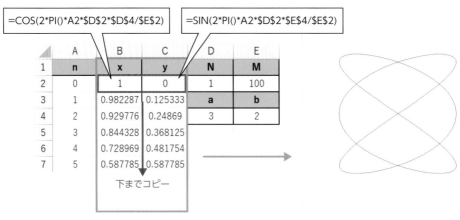

図 3.63　リサージュ曲線を描く（データ数100）

リサージュ曲線

リサージュ曲線の媒介変数表示は単純で、0でない整数 a, b を用いて次のように表されます。

$$\begin{cases} x = \cos(a\theta) \\ y = \sin(b\theta) \end{cases}$$

このような媒介変数で表される曲線を (a, b)-型リサージュと呼ぶことにします。これは $\cos$ と $\sin$ の2つの波を x 軸、y 軸で「合わせた」ものと考えることができます。2つの波が重なってちょうど円になるのは、$\cos$ と $\sin$ の周期が等しい場合、つまり $a = b$ の場合です。

$(N, M, a, b) = (373, 500, 3, 2)$ $\qquad\qquad\qquad$ $(N, M, a, b) = (457, 500, 7, 4)$

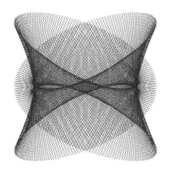 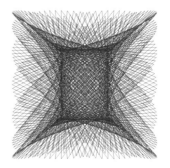

図 3.64　データ数500で作成したリサージュ曲線

また、周期 a と b の比が無理数の場合、円周上の糸掛けと同様に、線は元の位置に戻ってきません。つまり閉曲線になりません。実際に Excel で出力してみましょう。**図 3.65**は、データ数を大

きくし、周期の比が黄金比であるようなリサージュ曲線です。

$(N, M, a, b) = (1, 100, 1, (1+\sqrt{5})/2)$

$(N, M, a, b) = (1, 100, 1, (1+\sqrt{5})/2)$

図 3.65 データ数 10000（左）とデータ数 100000（右）の「黄金比リサージュ曲線」

a と b の比が無理数の場合、四角い領域内を埋め尽くすような軌跡を描きます。さらに、いくつかの周期のリサージュ曲線を透過させて重ねれば、**図 3.66** のような模様も作成することができます。

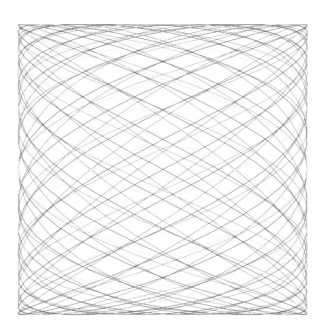

図 3.66 複数のリサージュ曲線を用いたアート

ハイポトロコイドとリサージュ曲線

次に、ハイポトロコイドに周期 a, b を加えてみましょう。具体的には**図 3.67**のように、最初の $\cos$ と $\sin$ の角度の中に a, b を埋め込みます。

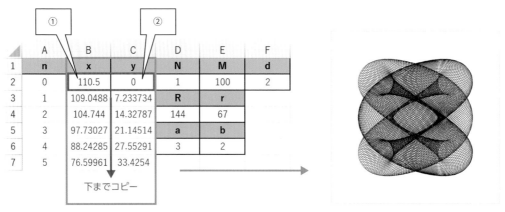

①=(\$D\$4−\$E\$4)*COS(2*PI()*A2*\$D\$2*\$D\$6/\$E\$2)+(\$E\$4/\$F\$2)*COS(2*PI()*(\$D\$4−\$E\$4)*A2*\$D\$2/(\$E\$4*\$E\$2))

②=(\$D\$4−\$E\$4)*SIN(2*PI()*A2*\$D\$2*\$E\$6/\$E\$2)−(\$E\$4/\$F\$2)*SIN(2*PI()*(\$D\$4−\$E\$4)*A2*\$D\$2/(\$E\$4*\$E\$2))

図 3.67　周期を入れたハイポトロコイド（データ数 10000）

比 R/r の値が十分大きいとき、リサージュ曲線に近い形になります。また、$a = b$ のとき、糸掛係数 aN のハイポトロコイドを描きます。**図 3.68**にいくつかの作成例を載せておきます。

$(N, M, d, R, r, a, b) = (1, 100, 2, 201, 151, 3, 2)$

$(N, M, d, R, r, a, b) = (2, 100, 1, \phi, 1, 1, \phi)$

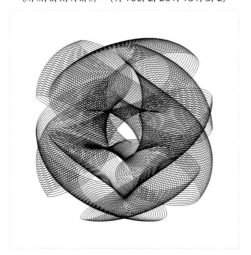

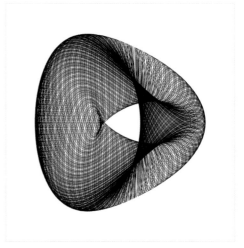

図 3.68　周期を入れたハイポトロコイド作成例（データ数 10000、ϕ は黄金比）

3.6 数列の描くストリング・アート

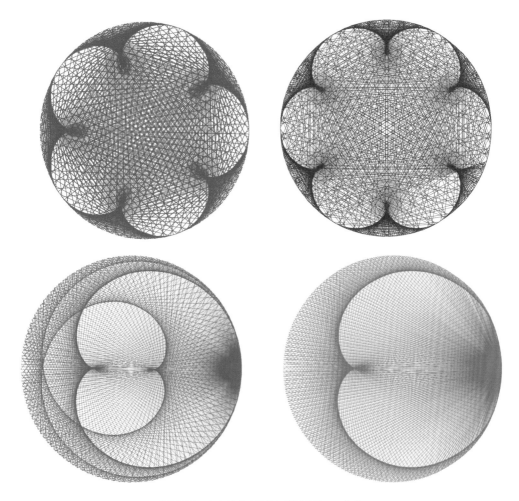

図 3.69 糸を掛ける順番に数列を使って作成

いままでの円周上のストリング・アートといえば、糸の掛け方を整数飛ばし、あるいは非整数飛ばしで行ってきました。いずれの場合も、「一定の間隔」で糸を掛けていきます。これは言い換えると、掛けていく番号が糸掛係数 N を公差とする「等差数列」（厳密にいうと周期 M を法とする、つまり M で割った余りの世界での等差数列）であることを意味します。ここではもっと一般の数列 $s(n)$ に対して

$$\begin{cases} x_n = \cos\left(\dfrac{2\pi s(n)}{M}\right) \\ y_n = \sin\left(\dfrac{2\pi s(n)}{M}\right) \end{cases}$$

という円周上の点列を使って糸掛けを考えていきます。

■ 場合分け型の数列

「偶数の場合、奇数の場合」といった、場合分けで定められる数列の糸掛けを紹介します。

【数列1】1以上のnに対して次の数列を定める。

$$s_1(n) = \begin{cases} 0 & (n \text{が偶数}) \\ n & (n \text{が奇数}) \end{cases}$$

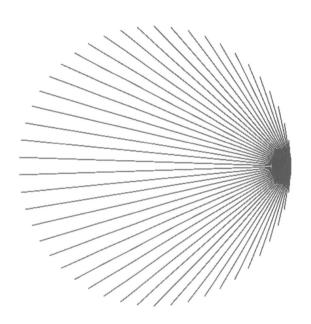

図 3.70　数列$s_1(n)$の順番にしたがって糸を掛ける場合（$M = 100$）

　このような数列の場合、偶数のたびに$(1, 0)$の点に戻ることから放射状の模様が出来上がります。なお、Excelでは**図 3.71**のように「IF関数」を使って出力します。1行目をコピーして散布図を使えば糸掛けが描けます。

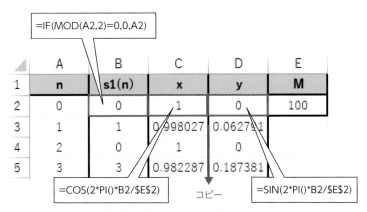

図 3.71 数列 s_1 による糸掛けの出力

【数列2】1以上の n に対して次の数列を定める。

$$s_2(n) = \begin{cases} n/2 & (n \text{ が偶数}) \\ 3n+1 & (n \text{ が奇数}) \end{cases}$$

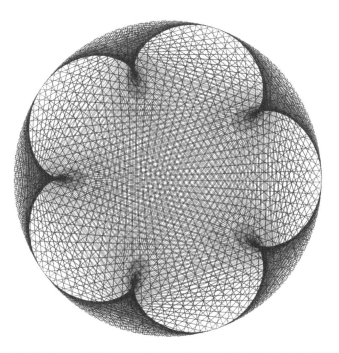

図 3.72 数列 $s_2(n)$ の順番にしたがって糸を掛ける場合（$M=500$、データ数 1000）

この数列の場合、大きく5等分された模様が出来上がります。

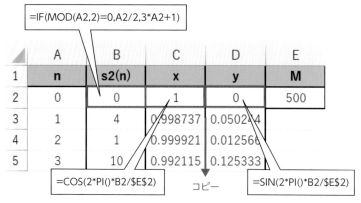

図 3.73　数列 s_2 による糸掛けの出力

　なお、この数列はコラッツ予想（Collatz conjecture）といわれる未解決問題の中で現れる数列です。

コラッツ予想

　任意の自然数に対して上の写像 $s_2 : \mathbb{N} \longrightarrow \mathbb{N}$ を繰り返し合成すると、必ず $1 \to 4 \to 2 \to 1$ というループに入るであろう。

　例えば、$n = 10$ の場合を考えてみましょう。10 は偶数なので、$s_2(10) = 5$ となり、この 5 に対しもう一度 s_2 を施すと $s_2(5) = 16$ となります。続きは

$$s_2(16) = 8, \quad s_2(8) = 4, \quad s_2(2) = 1, \quad s_2(1) = 4, \quad \dots$$

と確かにループに入ります。では、$n = 11$ からスタートしてみましょう。

$$s_2(11) = 34, \quad s_2(34) = 17, \quad s_2(17) = 52, \quad s_2(52) = 26, \quad s_2(26) = 13,$$

$$s_2(13) = 40, \quad s_2(40) = 20, \quad s_2(20) = 10$$

となり、結末は $n = 10$ のときと同じになり、確かにループに入っていきます。ストリング・アートは綺麗ですが、意外にも奥の深い数列（写像）でした。

　次に、3 つの場合分けで定まる数列を考えてみましょう。例えば、n を 3 で割ったときの余りで場合分けし、それぞれの場合で異なる等差数列となる、次のような数列を考えてみます。

　【数列 3】1 以上の n に対して次の数列を定める。

$$s_3(n) = \begin{cases} an & (n \text{が} 3 \text{の倍数}) \\ bn & (n \text{が} 3 \text{で割って} 1 \text{余る}) \\ cn & (n \text{が} 3 \text{で割って} 2 \text{余る}) \end{cases}$$

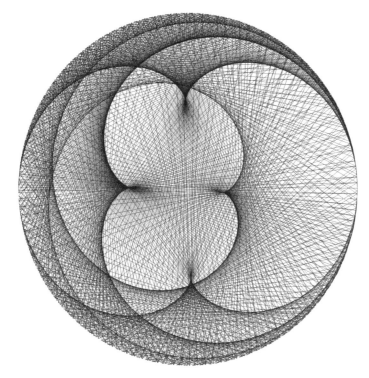

図 3.74　数列 $s_3(n)$ の順番にしたがって糸を掛ける場合（$M = 400, a = 1, b = 2, c = 3$、データ数 1000）

この数列では等差 a, b, c を自由に設定できるので、様々な模様が出来上がります。

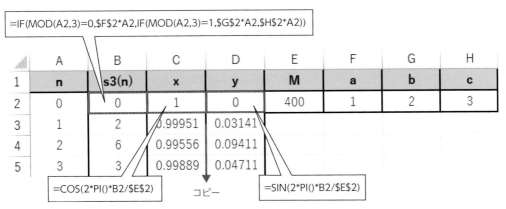

図 3.75　数列 s_3 による糸掛けの出力

多項式型の数列

> 【数列 4】1 以上の n に対して次の数列を定める。
>
> $$s_4(n) = n^{\alpha}$$

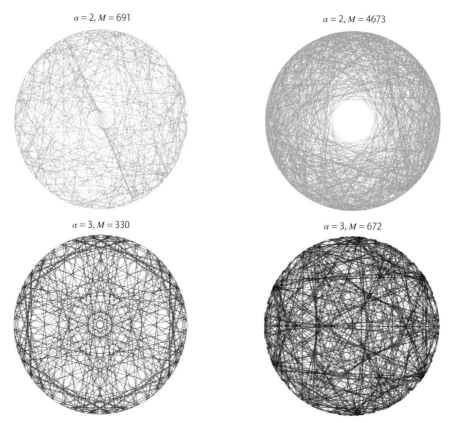

$\alpha = 2, M = 691$　　　　$\alpha = 2, M = 4673$

$\alpha = 3, M = 330$　　　　$\alpha = 3, M = 672$

図 3.76　数列 $s_4(n)$ による糸掛けの例（全てデータ数 1000）

　自然数 n を α 乗するという、比較的素朴な数列です。特に $\alpha = 2$ の場合、円周上に周期 M で点を打つことから、実際に糸が掛かる点の番号は M で割った余りの世界での平方数になります。このような番号を、M を法とする平方剰余（Quadratic residue）といいます。

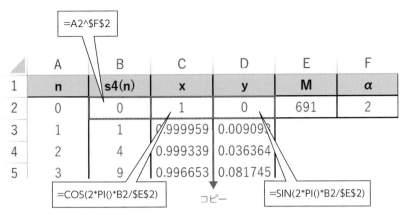

図 3.77 数列 s_4 による糸掛けの出力

その他の特殊な数列

【数列5】1以上の n に対して次の数列を定める。

$$p(n) = n \text{ 番目の素数}$$

図 3.78 数列 $p(n)$ を使った糸掛け（$N = 233, M = 1000$、1から100000までの9592個の素数を使用）

　例えば、あらかじめ周期を $M = 1000$ として、2番目、3番目、5番目、7番目、11番目と、糸を掛けていきます。しかし、素数番目に順番に掛けていくだけでは糸の掛かり方が見えにくいため、

糸掛係数 N を付けてみます。つまり、$2N, 3N, 5N, 7N, 11N, \dots$ という具合に糸を掛け、N を変えていくことで模様が変化します。実際に Excel で作成してみましょう。

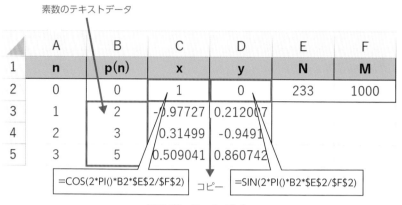

図 3.79　Excel で作成

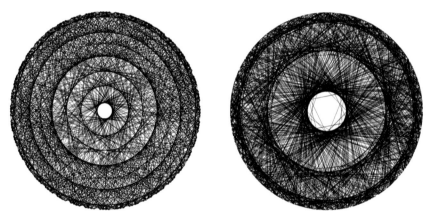

図 3.80　数列 $p(n)$ の順番にしたがって糸を掛ける場合（左：$N = 525, M = 10000$、右：$N = 726, M = 10000$）

　出来上がった模様は、何層にも分かれているとても美しいストリング・アートになっています。ここで注目したいのが、この「層」についてです。なぜ、素数という一見ランダムな数の列を使うことで、このような綺麗な構造が出来上がっていくのでしょうか？

　円周上のストリング・アートの場合を思い出してみましょう。複数の糸が重なり合い、中心部分に円状の模様ができていました。これは、糸の掛かり方に等差数列という規則があるためです。このことを踏まえると、隣り合う素数の差が関係することに気づきます。隣り合う素数の差は、最初の 2, 3 を除くと最小は 2 であり、2 以外の素数は奇数であることから 4, 6, 8, 10, ... と偶数の差が現れていきます。つまり、素数同士の差が 2 である糸掛けがなす層、4 である糸掛けがなす層、という具合に、素数間のギャップの分布が対応しています。しかし、素数の差がどのように分布しているのかは難しい問題であり、たくさんの未解決問題が残っています。例えば、差が 2 であるような素数のペアを双子素数（Twin prime）といいますが、この双子素数が無限に存在することでさえ未解決問題となっています。

第 4 章

フラクタルとランダム
のアート

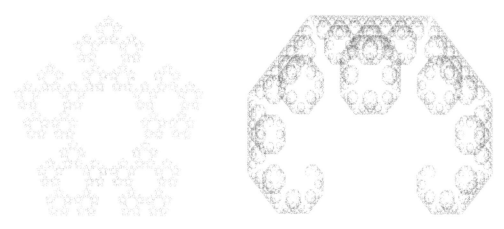

図 4.1　Excel で作成した複雑な模様

　この章では「フラクタル」や「ランダム」にまつわるアートについてお話をしていきます。まずは「フラクタル」とは何なのか、その考え方と歴史について簡単に紹介した後に、フラクタル模様と関係する様々なトピックに触れ、実際に Excel を使った描き方を解説していきます。後半はExcel の乱数を使ったアートとして「ランダム・アート」や「カオス・アート」というものを紹介します。

4.1　フラクタル図形とは

図 4.2　3枚の海岸の写真

　図 4.2 の写真をご覧ください。同じような海岸の写真が並んでいるように見えますが、これは左から順に写真を拡大していったものです。大きさなどの感覚がわかりづらいですね。

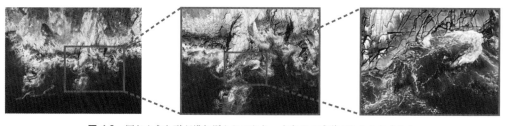

図 4.3　同じような形が繰り返されており、大きさの感覚がわからなくなる

　雲の写真も同様に、写真の一部を見ても大きさが捉えにくくなります。その大きな原因は「同じ
ような形や構造」が繰り返し展開されている点にあります。わかりやすい例として、**図4.4**の模様
を挙げましょう。

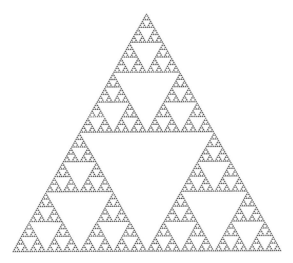

図4.4　シェルピンスキー・ギャスケット

　これは「シェルピンスキー・ギャスケット（Sierpinski gasket）」といわれる図形です。集合
論、数論、トポロジーなどの業績で有名なポーランドの数学者ヴァツワフ・シェルピンスキー
（Wacław Franciszek Sierpiński）（1882〜1969）に由来しています。

図4.5　真ん中の三角形を取り除く操作

　この図形は「三角形を4つに等分し、真ん中の部分を取り除く」という操作を"永遠と"繰り返
すことによって得られる特殊な模様になっています。このように、拡大あるいは縮小することで同
じ形になるような図形を**フラクタル**（Fractal）図形といいます（フラクタルの厳密な定義は別に
ありますが、ここではこのようなイメージで問題はありません）。シェルピンスキー・ギャスケッ
トのように、同じ形が拡大・縮小されている性質を自己相似性といいます。これは次節でも説明し
ますが、フラクタルの持つ重要な性質の1つです。

4.2　フラクタルの歴史と数学

▌ フラクタルの誕生

この「フラクタル」という言葉はフランスの数学者（経済学者でもある）、ブノワ・マンデルブロ（Benoît B. Mandelbrot）（1924～2010）によって1975年に命名された言葉です。「名付けることは知ることである」ということわざを意識して新しい言葉を造ったそうです。ちなみに、「フラクタル（Fractal）」の由来は「破片」を意味する「Fractus」となっています。

マンデルブロは数学的にフラクタルを取り扱うために、フラクタルの2つの特徴について言及しています。1つ目は先ほど紹介した「自己相似性」です。そしてもう1つが"ギザギザ性"です。これは「滑らかではない」と表現してもよいでしょう。例えば、「連続な関数」という言葉があります。関数の連続性（Continuity）はε-δ論法を使って厳密に表現することができます（本書では立ち入りません）が、要するに「滑らかにつながった曲線を描く関数」というイメージで大丈夫です。それまで扱ってきた幾何学というのは円や三角形といった、つながりのある・イメージしやすい図形の上の解析でした。しかし、海岸線や株価、煙の動きといった複雑なものを捉えていくには、いままでとは全く異なる幾何学を考える必要があります。そこで生まれたのがフラクタルです。実際にマンデルブロは、株価や経済の分析にフラクタルの理論を持ち込んでいます。

さて、関数には「連続性」とは別に「微分可能性（Differentiability）」という概念があります。シンプルにいうと、考えている各点で「傾き」がちゃんと定義できることをいいます。

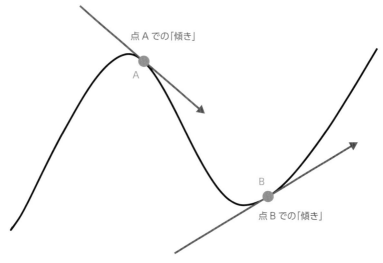

図 4.6 「傾き」が定まる＝微分可能

実は、関数の「微分可能性」は「連続性」よりも強い条件になっています。つまり、関数が微分可能であれば、連続であることが自動的にいえます。

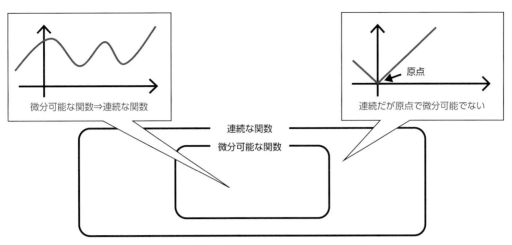

図 4.7 連続な関数と微分可能な関数の包含関係

　しかし、逆は必ずしも成り立たず、連続関数であっても微分不可能な関数が存在します。例えば**図 4.7**に示すような折れ線型のグラフ（$y = |x|$ など）は、折れている点では微分不可能です。このように、連続であっても、一部だけ傾きが定まらないような関数はいくらでも考えられます。では、「いたるところで連続でありながら、いたるところで微分不可能な関数」はあるのでしょうか？　答えは Yes です。1872 年にドイツの数学者ワイエルシュトラス（Karl Theodor Wilhelm Weierstraß）（1815〜1897）はその具体例として次の関数を構成しました。

$$W(x) := \sum_{n=0}^{\infty} b^n (\cos a^n \pi x)$$

ただし、$0 < b < 1, ab \geq 1$ で考えます。$W(x)$ はワイエルシュトラス関数と呼ばれています。さらに 1903 年、日本の数学者高木貞治（1875〜1960）により次のような関数が発見されました。

$$T(x) := \sum_{n=0}^{\infty} \frac{\chi(2^n x)}{2^n}$$

ただし、$\chi(x)$ は x と最も近い整数との距離（差）を表す関数とし、この $T(x)$ は高木関数と呼ばれています。

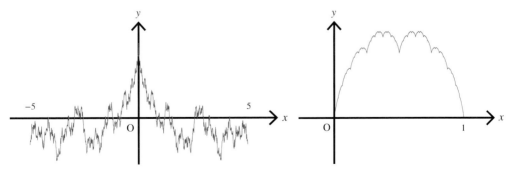

図 4.8 ワイエルシュトラス関数 $W(x)(a = 2.1, b = 0.7)$ と高木関数 $T(x)$

　さらに、マンデルブロはワイエルシュトラス関数を一般化し、次のような関数を定めました。

$$WM(x) := \sum_{n=-\infty}^{\infty} A^{(B-2)n}(1 - \cos A^n x)$$

ただし、$A > 1, 1 < B < 2$とします。これは、ワイエルシュトラス・マンデルブロ関数と呼ばれており、概形を描くと**図4.9**のような複雑な形になります。

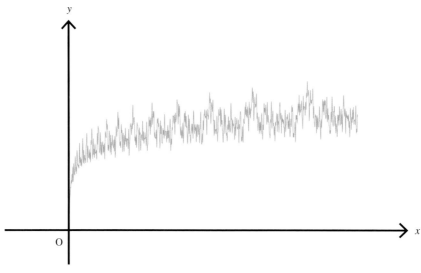

図4.9　ワイエルシュトラス・マンデルブロ関数（$A = 1.3, B = 1.999$）

　Bが2に近いとき、人間が心地よく感じるとされる「$1/f$ノイズ（$1/f$ noise）」の波形になることが知られています。**図4.9**は$B = 1.999$の場合なので、「$1/f$ノイズ」の波長に近いグラフとなります。確かに心地よくなってきた気がします。

フラクタルと次元

　マンデルブロは、フラクタルを数学的に取り扱うために「次元」という概念にも着目しました。例えば、直線は1次元、平面は2次元、立体は3次元、…という具合に、私たちは感覚的に次元のイメージを持つことができます。では、「2次元」の「2」という数はどこから来たのでしょうか？第2章で登場したデカルトの「座標」という概念を使うと、「その図形を表すのに必要な座標軸の本数」が次元となっています。つまり、平面を表すにはx軸、y軸という具合に、座標軸が2本必要です。よって平面は2次元だと考えられます。これは位相次元（Topological dimension）という考え方です。実は次元にもいくつか種類があります。

　軸の本数という、整数の値しかとらない元々の次元の概念を拡張して、非整数の次元というものも考察されてきました。このような一般化された次元は複数ありますが、基本的に全て同値になることから、まとめてフラクタル次元（Fractal dimension）と呼ばれています。フラクタル次元の1つに相似次元（Similarity dimension）というものがあります。フラクタル次元の中ではイメージしやすいものなので、ここで簡単に解説しておきます。例えば、相似比1：2の長方形を考えます。この場合、小さい長方形を4つ並べることで、大きな長方形と同じサイズになります。相似比

1：3の場合、小さな長方形を9つ並べることで、大きな長方形のサイズに一致します。

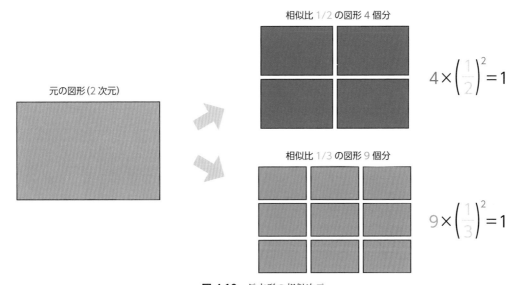

図 4.10　長方形の相似次元

　一般に、相似比が$1/n$の長方形をn^2個並べることで元の長方形と一致します。このとき並べた小さな長方形の個数n^2の指数部分「2」こそが、この図形の相似次元となります。他の例も考えてみましょう。例えば、**図 4.11** のような直方体を考えます。

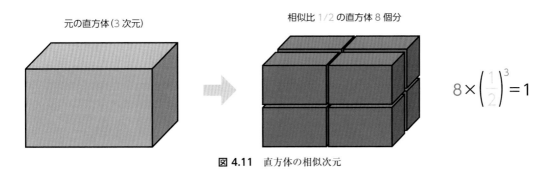

図 4.11　直方体の相似次元

　相似比が1：2の場合、小さい直方体を2^3個並べることで大きな直方体と同じサイズになり、相似比1：3の場合は3^3個必要になります。より一般に、元のサイズのa_i倍（$0 < a_i < 1, 1 \leq i \leq n$）の図形をそれぞれ$e_i$（$> 0$）個集めることで元のサイズと同じ図形になる場合、次の等式を満たすDをその図形の相似次元とします。

$$\sum_{i=1}^{n} e_i a_i^D = 1$$

この定義では、Dが整数にならない場合も現れ、そのような図形はフラクタル図形となります。なお、整数次元のフラクタルもあり、実際に高木関数はフラクタル次元が1となります。マンデルブロによるフラクタルの（暫定的な）定義は「フラクタル次元が位相次元よりも大きくなるようなもの」となっています。

シェルピンスキーのギャスケットとカーペット

 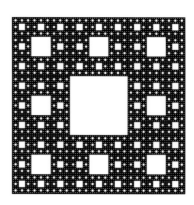

図 4.12　シェルピンスキーのギャスケット（左）とカーペット（右）

　ここでは、有名なフラクタル図形の1つである「シェルピンスキー・ギャスケット」の性質について解説していきましょう。この図形は前述の通り、「三角形を4つに等分し、真ん中の部分を取り除く」という操作を繰り返し行うことで得られます。何回操作を行うかというと、「無限回」です。このように「無限」という概念を避けては通れない複雑な図形となります。無限回繰り返すことによって、図形は「スカスカ」となってしまいますが、どれぐらい「スカスカ」なのか、実際に面積を考えてみましょう。例えば、最初の三角形の面積を1とします。この三角形に一度操作を施すことによって、真ん中の部分（面積1/4）が取り除かれ、面積は3/4となります。次に同じ操作を行うと、3つの各三角形が3/4倍されます。つまり、この操作を1回行うたびに全体の面積は3/4倍されることがわかります。

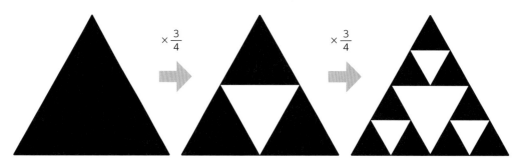

図 4.13　面積が3/4倍されていく様子

　すると、n回操作した場合の面積は$(3/4)^n$となり、その極限は$(3/4)^n \to 0 \ (n \to \infty)$となります。つまり、シェルピンスキー・ギャスケットの面積は0となります。次に、境界線（周）の長さを求めてみましょう。**図4.14**のように、一度操作を行うごとに元の周の長さのちょうど3/2倍されることがわかります。

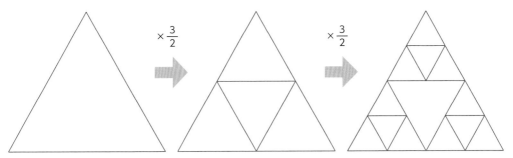

図 4.14 周の長さが 3/2 倍されていく様子

　最初の周の長さを l とすると、n 回の操作により $(3/2)^2 l$ となり、$n \to \infty$ で無限大に発散してしまうことがわかります。このように、シェルピンスキー・ギャスケットは、面積 0、境界線の長さ ∞ という、"病的" な構造を持っています。次に、フラクタル次元を計算してみましょう。相似比 $1:2$ のシェルピンスキー・ギャスケットを用意します。小さい方を**図 4.15** のように 3 つ並べることで、元のサイズと一致します。

元の図形（D 次元）　　　　　　　　相似比 1/2 の図形 3 個分

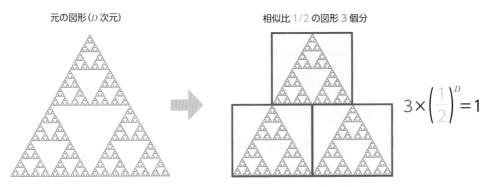

$$3 \times \left(\frac{1}{2}\right)^D = 1$$

図 4.15 シェルピンスキー・ギャスケットの相似次元

　つまり、相似次元 D は $3 \times (1/2)^D = 1$ という等式を満たします。これを解くには対数関数（Logarithmic function）が必要になってきます。対数関数の細かい説明は他書に譲ることにして、相似次元は次のように計算されます。

$$D = \frac{\log 3}{\log 2} = 1.58496 \ldots$$

このように、シェルピンスキー・ギャスケットの次元は 1 と 2 の間にあり、整数でないことがわかります。

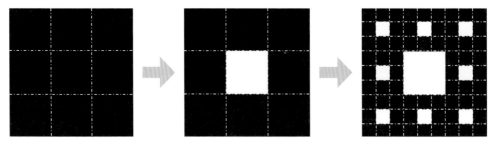

図 4.16　9 等分し、真ん中の四角形を取り除く操作

　次に、四角形を考えます。**図 4.16** のように 9 分割し、真ん中の小さな四角形を取り除いていく操作を繰り返し行います。このあたりはギャスケットの操作と似ていますね。この操作を無限に繰り返すことでできる「スカスカ」の図形を**シェルピンスキー・カーペット**（Sierpinski Carpet）といい、これもフラクタル図形の代表例です。では、面積を求めてみましょう。真ん中の部分（全体の 9 分の 1）がなくなることから、1 回の操作で面積は 8/9 倍されます。これを無限回行うことから、シェルピンスキー・カーペットの面積は $(8/9)^n \to 0$（$n \to \infty$）となります。境界線もギャスケット同様に無限大に発散することが示され、やはり、この図形も「面積 0、境界線の長さ ∞ の図形」となります。最後にフラクタル次元を求めてみましょう。1/3 のカーペットを 8 個用意することで元のカーペットを再現できることから、相似次元 D は $8 \times (1/3)^D = 1$ を満たします。これにより対数を使うと

$$D = \frac{3 \log 2}{\log 3} = 1.89278\ldots$$

となり、「ギャスケットよりも 2 次元に近い図形」であることがわかります。

元の図形（D 次元）　　　　　　　　相似比 1/3 の図形 8 個分

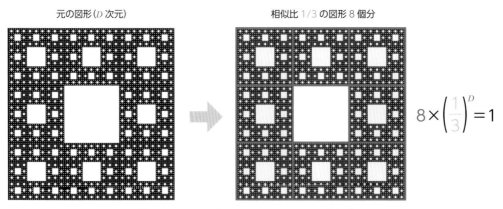

$$8 \times \left(\frac{1}{3}\right)^D = 1$$

図 4.17　シェルピンスキー・カーペットの相似次元

4.3 パスカルの三角形とフラクタル

パスカルの三角形と二項係数

図 4.18 ブレーズ・パスカル

　ブレーズ・パスカル（Blaise Pascal）（1623〜1662）といえば、気圧の単位である「Pa（パスカル）、hPa（ヘクトパスカル）」、あるいは、「パスカルの三角形」で有名です。ここで主にお話しするのは後者の「パスカルの三角形」についてです。パスカルは父親の仕事の手伝いで日頃から計算をすることが多く、機械的な計算を行ってくれる「計算装置」を発明しました。この装置はパスカルの名前にちなんで「パスカリーヌ」と呼ばれています。またパスカルはピエール・ド・フェルマーと文通を交わしており、様々な数学の問題について考察してきました。特に当時流行していたゲームや賭け事に使われる「確率論」の話題にも積極的に取り組んだといわれています。当時の確率論の大きな目的は、「どのような結果がどれぐらいの頻度で起こるのか」を明らかにすることでした。例えば、コインを 5 回投げたとき、「3 回が表で、残り 2 回が裏である場合の数」はいくらになるかという問題を考えましょう。通常は表と裏の出方を全てリストアップしてカウントすることで求められます。しかしパスカルは次のような図を描いて計算しました。

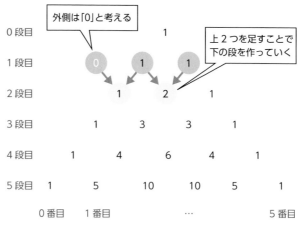

図 4.19 5段目までのパスカルの三角形とその構造

　この図の描き方は「横に並んだ2つの数の和を、その2つの数の間の下に記していく」というルールで描かれます。何も数字がないところは「0」と考えると筋が通ります。また、各段の一番左の数字を形式的に「0番目」とし、続けて「1番目、2番目、…」と呼ぶことにします。このとき、5段目の左から3番目の数字「10」が、求める場合の数になります。これはとても便利で、例えば、13回コインを投げたとき、5回表が出る場合の数も、「13段目の左から5番目」の数字を読めばわかります。表が出来上がっていれば、いちいち場合の数をカウントしなくても計算できるのです。このような三角形をパスカルの三角形と呼びます。なお、この三角形自体は何世紀も前からインドや中国で研究されており、名称は国によって違いがあるようです。

　n段目の左からk番目（$0 \leq k \leq n$）の数字は$\binom{n}{k}$と表記し、組み合わせ的な考え方から具体的に次のように計算できます。

$$\binom{n}{k} = \frac{n!}{k!(n-k)!}$$

ここで、$n!$は「nの階乗」と読み、nから1つずつ下がった数を1になるまで全て掛け合わせる記号です。実際に「5段目の左から3番目」は

$$\binom{5}{3} = \frac{5!}{3!2!} = \frac{5 \cdot 4 \cdot 3 \cdot 2 \cdot 1}{3 \cdot 2 \cdot 1 \cdot 2 \cdot 1} = \frac{5 \cdot 4}{2 \cdot 1} = 10$$

と計算できます。この$\binom{n}{k}$を二項係数（Binomial coefficient）と呼びます。

やってみよう

　ここまで説明してきた「パスカルの三角形」。続いては、出来上がった三角形内の数字（二項係数）の偶奇に注目してみます。実際に十分大きなパスカルの三角形を描き、奇数の場所を黒で塗りつぶしてみましょう。

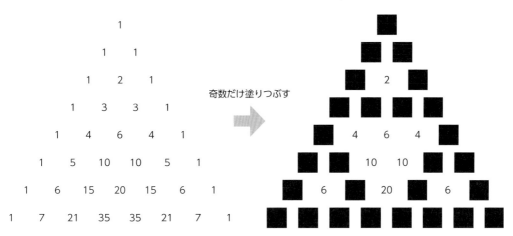

図 4.20 パスカルの三角形の奇数の部分を黒で塗りつぶしていくと…

図 4.20 の作業を続けていくと、同じような構造が繰り返し現れ、シェルピンスキー・ギャスケットと同様の模様が浮かび上がってきます。この性質を使って、実際に Excel で描いてみましょう。

パスカルの三角形とシェルピンスキー・ギャスケット

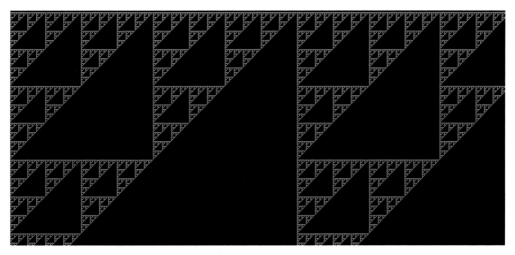

図 4.21 Excel で出力したシェルピンスキー・ギャスケット

Excel でシェルピンスキー・ギャスケットを作成してみよう

今回の描写はセルを直接使います。まずは、セルの見た目を正方形にします。わかりやすいのは、行の高さをそのままに（デフォルトで18（30ピクセル）となっています）して、列の幅を2.3（30ピクセル）にするとマスが正方形になります。もう少し細かくしたい場合は行の高さを3（5ピクセル）、列の幅を0.29（5ピクセル）とするとよいでしょう。

列を 1 つ選択し、「CTRL+A」で全ての列を
選択する

右クリックで「列の幅」から具体的な数値
（今回は 2.3）を入力する

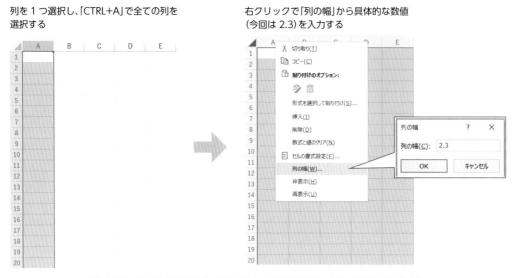

図 4.22　列の幅を変更する（行の高さの変更も同様の操作で変更できます）

次に「B2」のセルに「左の値と上の値の和を 2 で割った余り」を出力します。ここでは MOD 関数を使っていきます。

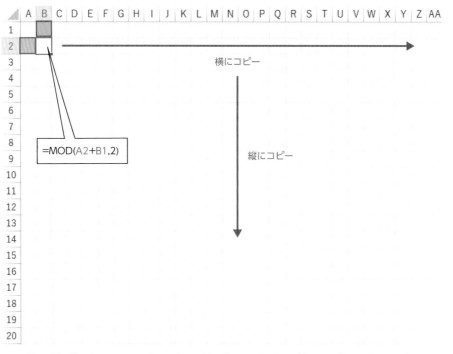

図 4.23　「B2」のセルに関数を入力し、横、縦にコピーする（全て 0 の値が出力される）

「B2」に値が出力できたら、このセルを右にひたすらコピーします。多ければ多いほど、最終的に出力される図形が大きくなります。続いて、この 1 行を下にコピーします（**図 4.24** では、右方向は「Z2」まで、下方向は 20 行目までコピーしました）。コピーが終わったら、値が出力されたセ

ル全体を選択し、「ホーム」→「条件付き書式」→「カラースケール」から好きな色のルールを選びます。

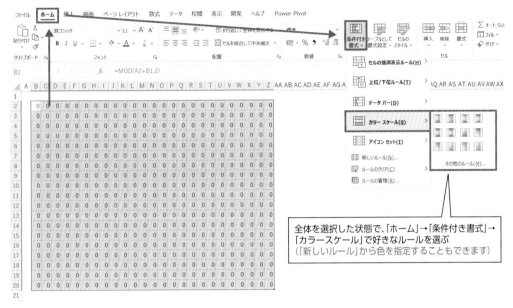

図 4.24 「カラースケール」を使って、選択範囲に色を付ける

ルールを選ぶと、選択した範囲のセルに色が付きます（今回は左上のルールを選びました）。この状態で、「B2」のセルに「1」を上書きする形で入力します。

カラースケールにより「0」「1」の値で色分けされる

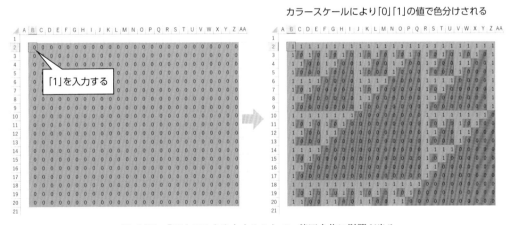

図 4.25 「B2」に1を入力することで、範囲全体に影響が出る

結果として、シェルピンスキー・ギャスケットの模様が出来上がりました。

シェルピンスキー・ギャスケットと二項係数

次に、どうして二項係数の偶奇を分けるだけでシェルピンスキー・ギャスケットが現れるのかを考えてみましょう。そのために、まずはパターンを考察していきます。例えば、3段目や7段目は

全て黒、つまり奇数となって三角形の底辺ができています。実は $2^n - 1$ 段目は全て奇数となること
が知られています。

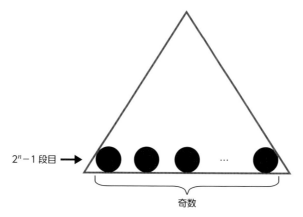

図 4.26　パスカルの三角形の $2^n - 1$ 段目は全て奇数

実際に $2^n - 1$ 段目の二項係数は $\binom{2^n - 1}{k}$（$0 \leq k \leq 2^n - 1$）という形で表されます。これが全て奇
数であることを示すために、1 段下にあたる 2^n 段目の偶奇を考えてみましょう。$0 < l < 2^n$ なる l
に対して

$$\binom{2^n}{l} = \frac{(2^n)!}{l!(2^n - l)!} = \frac{2^n}{l} \frac{(2^n - 1)!}{(l-1)!(2^n - l)!} = \frac{2^n}{l} \binom{2^n - 1}{l - 1}$$

が成り立ち、$\binom{2^n - 1}{l - 1}$ は整数であることを考慮すれば、$\binom{2^n}{l}$ はいずれも偶数とわかります。

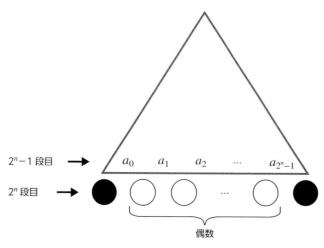

図 4.27　$2^n - 1$ 段目と 2^n 段目

図 4.27 のように、$2^n - 1$ 段目の二項係数を左から順に $a_0, a_1, a_2, \ldots, a_{2^n - 1}$ とします。まず、明ら
かに左端と右端は $a_0 = a_{2^n - 1} = 1$ なので、奇数であることがわかります。このことと、$a_0 + a_1$ は
下の段で偶数になっていることから、a_1 も奇数でなくてはなりません。これを繰り返していくと、

$2^n - 1$ 段目の二項係数は全て奇数であることがわかります。また、簡単な考察により、パスカルの三角形で、全ての行が奇数となる段は $2^n - 1$ の形の段に限ることも証明できます。以上により、三角形の底辺を構成するパターンが解明できました。このことから、**図 4.27** でも示している通り、2^n 段目は端以外が全て偶数（白）で、パスカルの三角形の最初の段と同じ状態と考えることができます。つまり、ここから、$2^{n+1} - 1$ 段目までの偶奇の配置が同じように決まり、$2^{n+1} - 1$ 段目でちょうど2つの三角形の底辺が並びます。

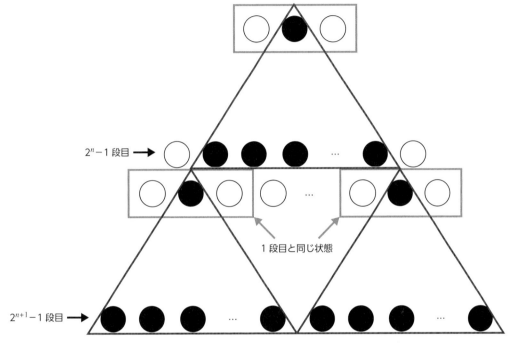

図 4.28 パスカルの三角形の繰り返し構造（白が偶数で黒が奇数）

　以上の考察により、「2で割った余りの世界」におけるパスカルの三角形は、その繰り返し構造からシェルピンスキー・ギャスケットを描くことがわかりました。ただし、最初に説明したシェルピンスキー・ギャスケットは、与えられた三角形から始まり、どんどん細かい三角形の穴を空けていくというものでした。それに対して、ここで紹介したのはだんだん大きくなるというもので、構成方法に違いがあることに注意しましょう。では、引き続きパスカルの三角形を観察してみましょう。

パスカルの三角形とフィボナッチ数

　各段の数字の並びに注目します。この数字は $(x + y)^n$ を展開したときの係数として対応させることができます。例えば

$$(x + y)^0 = 1 \longrightarrow 1$$
$$(x + y)^1 = x + y \longrightarrow 1, 1$$

$$(x+y)^2 = x^2 + 2xy + y^2 \longrightarrow 1, 2, 1$$

$$(x+y)^3 = x^3 + 3x^2y + 3xy^2 + y^3 \longrightarrow 1, 3, 3, 1$$

つまり、次のような等式が成り立ちます。

$$(x+y)^n = \sum_{k=0}^{n} \binom{n}{k} x^{n-k} y^k$$

この公式を「二項定理」と呼びます。この公式で $x = y = 1$ とおくことで

$$(1+1)^n = 2^n = \sum_{k=0}^{n} \binom{n}{k}$$

となり、パスカルの三角形において「n 段目の数字の和は 2^n」であることが容易にわかります。

　さらに、並んだ数字を**図 4.29**のような斜めのラインで結んでみます。そして、同じライン上にある数を全て足し上げていきます。どのような数字になるでしょうか？

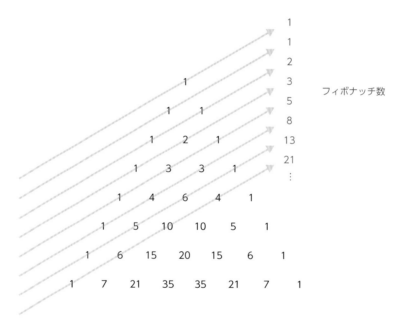

図 4.29　パスカルの三角形を斜めに足すとフィボナッチ数が現れる

　なんと、黄金比の章で登場した「フィボナッチ数」が現れます。これは、フィボナッチ数の母関数を使って示せます。フィボナッチ数列 $\{F_n\}$ の母関数は、p.37 で次のように表現することを示しました。

$$f(X, \{F_n\}) = \sum_{k=1}^{\infty} F_k X^k = \frac{X}{1 - X - X^2}$$

この表示を変形していきましょう。

$$f(X, \{F_n\}) = \frac{X}{1 - X(1 + X)}$$

$$= X \sum_{k=0}^{\infty} X^k (1+X)^k$$

$$= \sum_{k=0}^{\infty} \sum_{l=0}^{k} \binom{k}{l} X^{k+l+1}$$

$$= \sum_{n=1}^{\infty} \sum_{\substack{0 \le l \le k \\ k+l=n-1}} \binom{k}{l} X^n$$

ここで、2行目の等式は無限等比数列の和の公式を使い、最後の行は $k+l+1$ を n と置き換えました。これは本来フィボナッチ数の母関数であるので、X^n の係数を比較すると

$$\sum_{\substack{0 \le l \le k \\ k+l=n-1}} \binom{k}{l} = F_n$$

という等式が得られます。例えば $n=5$ のとき、$k+l=5-1=4$ で $0 \le l \le k$ を満たすペアは $(k,l) = (4,0),(3,1),(2,2)$ となります。よって

$$\binom{4}{0} + \binom{3}{1} + \binom{2}{2} = 1+3+1 = 5 = F_5$$

となります。この和はパスカルの三角形における斜めの足し上げを意味しています。

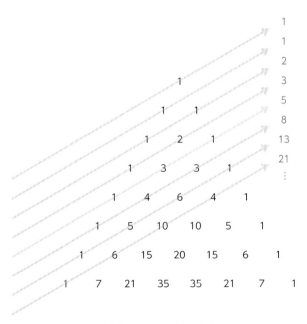

図 4.30 $n=5$ の足し上げ

デラノイの三角形とデラノイ数

パスカルの三角形は「上2つの数の和」を下の段に並べることで作成できました。ここでは、ちょっとした一般化として**図 4.31**のような規則を考えてみましょう。

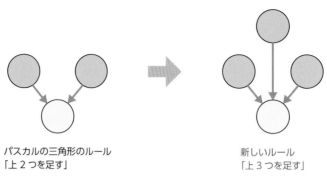

パスカルの三角形のルール
「上 2 つを足す」

新しいルール
「上 3 つを足す」

図 4.31　上 3 つを足す

「上 2 つの数とさらにその上の数の和」を考えます。すると、はじまりが 1 のとき **図 4.32** のように数字が続きます。

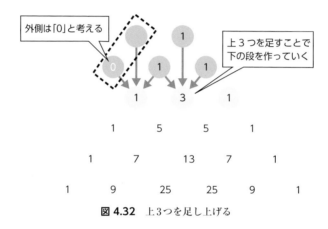

外側は「0」と考える

上 3 つを足すことで下の段を作っていく

図 4.32　上 3 つを足し上げる

二項係数が並んでいたパスカルの三角形と違い、別の数列が生成されました（何も数字がないところはパスカルの三角形のときと同様に「0」と考えます）。この数列をデラノイ数（Delannoy number）と呼びます。これは、フランスの陸軍将校でありアマチュア数学者だった、アンリ・デラノイ（Henri Delannoy）（1833〜1915）にちなんでつけられました。ここからは行と列を考え、n 行 m 列（$n, m = 0, 1, 2, \cdots$）の位置にあるデラノイ数を $D(n, m)$ と表記することにします。例えば、$D(2, 2)$ は 1 つ上の行の $D(1, 1) = 3$ と $D(1, 2) = 5$、そして同じ行の $D(2, 1) = 5$ の総和となり、

$$D(2, 2) = D(1, 1) + D(1, 2) + D(2, 1) = 3 + 5 + 5 = 13$$

と計算されます。この三角形を、ここではデラノイの三角形と呼ぶことにします。パスカルの三角形の場合と同様に、このタイプの計算は Excel のコピー機能を使うと一気に実現できます。それでは、デラノイの三角形を Excel で出力し、色を付けてみましょう。

デラノイ数とシェルピンスキー・カーペット

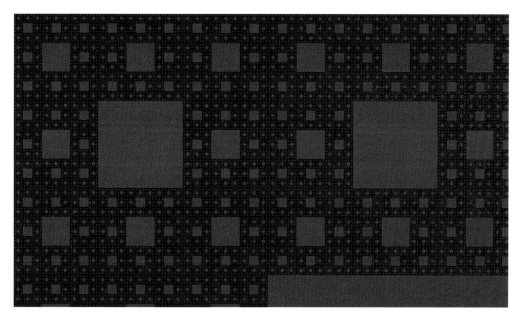

図 4.33 Excelで出力したシェルピンスキー・カーペット

パスカルの三角形と同様に、セルを正方形にしておくと綺麗に出力されます。そして、「B2」のセルに左の「A2」と左上の「A1」、そして上の「B1」を足したものを考えます。シェルピンスキー・ギャスケットの場合は、MOD関数を使って「2で割った余り」を出力しましたが、ここでは「3で割った余り」を出力します。

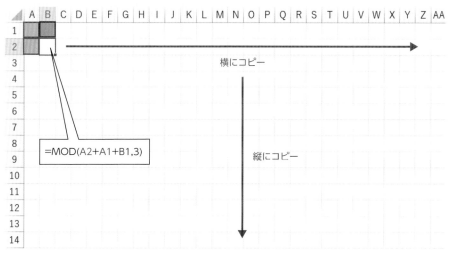

図 4.34 MOD関数で「3で割った余り」を出力する

この後の流れは先ほどと同様で、適当な範囲にコピーし、選択範囲に「カラースケール」で色を付けます。今回は色付けの「新しいルール」として**図 4.35**のように最大値を黒、最小値を赤と設

定してみました。

図 4.35　「新しいルール」で色を設定する

最後に「B2」のセルに1を入力することで、模様が出来上がります。

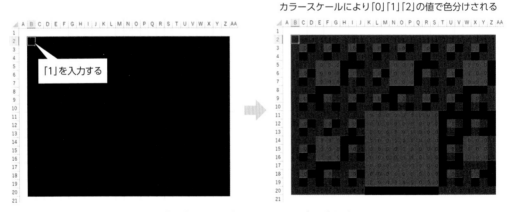

図 4.36　「B2」に1を入力することで、3色に塗り分けられる

　なお、割る数をpとして、$p = 3, 5, 7, 9, 11, 13$の場合の模様を作成してみました（カラースケールも変えています）。

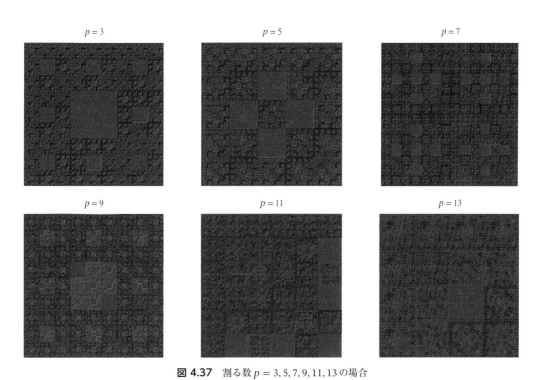

図 4.37 割る数 $p = 3, 5, 7, 9, 11, 13$ の場合

$p = 9$ は、$9 = 3^2$ ということもあり、$p = 3$ の階層的な構造が見えます。また p が素数の場合、余りの世界の構造が比較的単純であるため、わかりやすく美しいパターンが出来上がります。

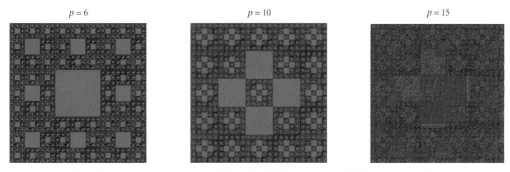

図 4.38 $p = 6, 10$ は $p = 3, 5$ と同じような模様に、$p = 15$ は複雑なパターンになる

ちなみに 6 や 10 といった、「素数 × 2」の形の場合、本質的には素数の場合の模様と同じになります。一方、一般の合成数の場合、余りの世界の構造がやや複雑になるので、模様も複雑になります。いずれにしても美しい模様が比較的簡単に出来上がりました。

デラノイの三角形とその性質

続いて、デラノイの三角形についての補足事項をまとめておきましょう。一般にデラノイ数 $D(n, m)$ は次のような漸化式で定めることができます。

$$D(n, m) = \begin{cases} D(n-1, m-1) + D(n-1, m) + D(n, m-1) & (nm \neq 0) \\ 1 & (nm = 0) \end{cases}$$

また、$D(n, m)$の母関数はXとYの2変数を使って考えることができ、この漸化式を使うと次のように表せます。

$$D(X, Y) := \sum_{n,m=0}^{\infty} D(n, m) X^n Y^m = \frac{1}{1 - X - Y - XY}$$

この結果からも示せますが、デラノイ数の一般項は二項係数を用いて表すことができます。

$$D(n, m) = \sum_{j=0}^{\min\{n,m\}} \binom{n + m - j}{n} \binom{n}{j}$$

さらにパスカルの三角形と同様に、デラノイの三角形の斜めの和を計算してみましょう。

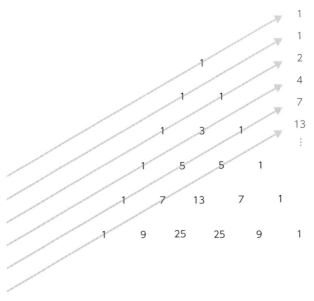

図 4.39　デラノイの三角形の斜めの和

　$1, 1, 2, 4, 7, 13, \dots$と続いています。パスカルの三角形の場合、この数列はフィボナッチ数列でしたが、デラノイの三角形ではどんな数列となるでしょうか？　実はこの数はトリボナッチ数 (Tribonacci number) といわれ、フィボナッチ数の一般化になっています。フィボナッチ数は前2つの和で生成されましたが、トリボナッチ数は前3つの和で生成されるものです。具体的にn番目のトリボナッチ数をT_nと表記すると、$n \geq 3$なるnに対し、次のような漸化式で定義できます。

$$T_{n+1} = T_n + T_{n-1} + T_{n-2}$$

ただし、$T_1 = 1, T_2 = 1, T_3 = 2$とします。3番目が2であるのは形式的に0番目を0として考えています。「tori」とは「3倍」を表す倍数接頭辞で、オリジナルの「フィボナッチ」の「フィ」の部分を変形させた命名法です。もちろん「フィボ」には2倍の意味はなく、この「トリボナッチ」から

の流れとなっています。4倍以降も同様に漸化式で定義され、対応する接頭辞が付きます。n倍の場合は「n-ボナッチ数」と呼ばれることもありますが、よく考えてみれば、そもそもフィボナッチも本名（レオナルド・ダ・ピサ）ではありません。「フィ＋ボナッチ＝ボナッチ（父親の愛称）の息子」という意味であることを考えると、「父親のあだ名がひたすら一般化されていく」という、なんとも興味深い状況になっています（「ドラえもん」におけるジャイアン（愛称）の妹、ジャイ子と同じような状況です）。

4.4　ドラゴン曲線

図 4.40　Excelで描いた「ドラゴン曲線」

　この節では、操作を繰り返し行うことで、フラクタル図形を生成していきます。**図 4.40**は「ドラゴン曲線（Dragon curve）」といわれるフラクタル図形の一種で、とても複雑な動きをしています。まずは実際にExcelを使ってドラゴン曲線を描いてみましょう。

ドラゴン曲線を描写

	A	B	C	D	E	F	G	H	I	J	K	L
1	n	x1	y1	n	x2	y2	n	x3	y3	n	x4	y4
2	1	0	0	1	0	0	1	0	0	1	0	0
3	2	1	0	2	0.5	0.5	2	0	0.5	2	-0.25	0.25
4				2	0.5	0.5	3	0	0.5	3	-0.25	0.25
5			第1世代	1	1	0	4	0.5	0.5	4	0	0.5
6							4	0.5	0.5	5	0	0.5
7						第2世代	3	0.5	0	6	0.25	0.25
8							2	0.5	0	7	0.25	0.25
9							1	1	0	8	0.5	0.5
10										8	0.5	0.5
11									第3世代	7	0.75	0.25
12										6	0.75	0.25
13										5	0.5	0
14										4	0.5	0
15										3	0.75	-0.25
16										2	0.75	-0.25
17										1	1	0

第4世代

第1世代　　　第2世代　　　第3世代　　　第4世代

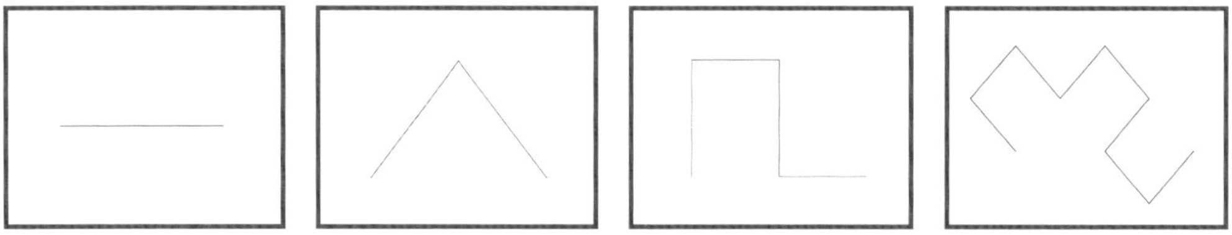

図 4.41　Excelでドラゴン曲線を生成（第1世代〜第4世代まで）

　基本的には**図4.41**のように、第1世代から順番に「成長」させていき、線付きの散布図で出力します。ここでは、「次の世代をどう作成するか」に焦点を当てて説明します。ということで、第3世代から第4世代を作成する方法を解説していきます。まず、第3世代の x と y（「x3, y3」と表記）を使って第4世代の1行目を**図4.42**のように計算します。第3世代の x と y の差の半分、和の半分をそれぞれ第4世代の x と y（「x4, y4」と表記）とします。これを8行分コピーして前半は終了です。

操作1

(1) x3 と y3 の差の1/2がx4、和の1/2がy4。

(2) 前の世代と同じ行まで式をコピーする。

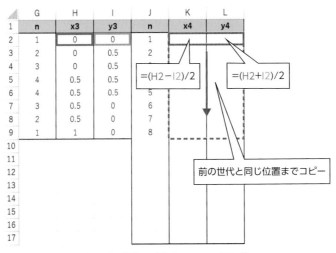

図 4.42 操作1（前半のデータが完成）

続いて、前半のデータを使って後半のデータを作成します。

操作2

(3) 前半の番号をコピーして続きにペーストする。

(4) 後半1行目は、前半1行目のデータを使って**図 4.43**のように計算し下までコピー。

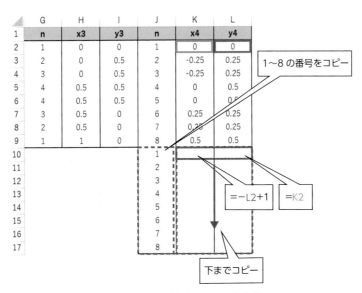

図 4.43 操作2（後半のデータを作成）

これで終わりではありません。実はこのままでは、後半の点を結ぶ順番が逆になっているので、Excelの「並び替え」機能を使って順序を入れ替えます。しかし、この状態のまま並び替えると、数

式の情報が固定されているため何も変化しません。そこで、一旦後半の部分をコピーして、「値」で貼り付けます。見た目は変わりませんが、セルの中の数式の情報がなくなり、値として扱えます。

操作3

(5) 後半を選択しコピー。同じ位置に「値」で貼り付ける。

(6) 【ホーム→並び替えとフィルター→降順】により、後半のデータの順を逆にする。

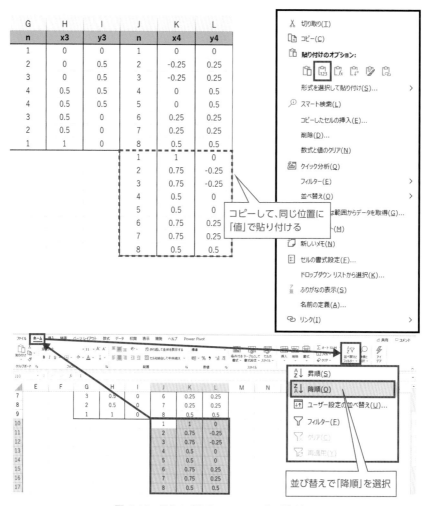

図 4.44　操作3（後半のデータの並び替え）

こうして、第4世代のデータが完成します。このデータを線付きの散布図で出力すると第4世代のドラゴン曲線が得られます。この流れを繰り返し行うことで、第5世代、第6世代、…とドラゴン曲線が「成長」していきます。例えば第10世代のドラゴン曲線は**図 4.45**のような模様になります。

図 4.45　第10世代のドラゴン曲線

ドラゴン曲線と反復関数系（IFS）

　では、次にドラゴン曲線の構造について説明していきます。この曲線は1966年にNASAの物理学者ジョン・ヘイウェイ（John Heighway）らによってはじめて研究され、ヘイウェイ・ドラゴン（Heighway dragon）と呼ばれることもあります。まず、基本となる線分を用意し、「左から右」という向きを考えます。これを第1世代と呼ぶことにします。次に**図 4.46**のように、「進行方向左側に直角になるような寄り道」をします。こうしてできた図形を第2世代とします。次は、先ほどと同じくスタート地点から左側に寄り道し、次は右側に寄り道をします。こうしてできた図形が第3世代です。

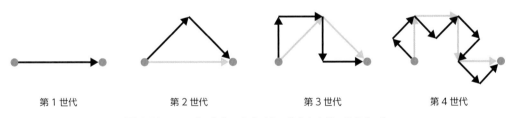

第1世代　　　　第2世代　　　　第3世代　　　　第4世代

図 4.46　ドラゴン曲線の生成（第1世代から第4世代まで）

　このように、寄り道を「左、右、左、右、…」と繰り返すことで形はどんどん複雑に成長していきます。こうして第13世代まで成長させた図形は**図 4.47**のような模様になります。では次に、この成長過程を数式で考えてみましょう。第1世代から順に観察してみると、**図 4.46**のように「繰り返し」になっていることがわかります。

図 4.47　ドラゴン曲線（第 13 世代）

　結果的に現時点の図形を「45 度回転させ、$1/\sqrt{2}$ 倍と縮小させる」（操作 A とします）ことで、次の世代の半分が完成します。また残りの世代は「逆の向き」になっていることを考慮した上で観察してみると、現時点の図形を「135 度回転させ、$1/\sqrt{2}$ 倍と縮小し、右側に平行移動させる」（操作 B とします）ことで、次の世代のもう半分が完成します。つまり、大きく分けて A と B という 2 つの操作によりドラゴン曲線が構成されます。これらの操作を xy 平面上で行ってみましょう。ここで、点の回転と平行移動について簡単にまとめておきます。点 (x, y) を x 方向に a、y 方向に b 平行移動させるとき、移動した点は $(x + a, y + b)$ と表すことができます。これは、ベクトルの和として次のように考えることができます。

$$\begin{pmatrix} x \\ y \end{pmatrix} + \begin{pmatrix} a \\ b \end{pmatrix} = \begin{pmatrix} x + a \\ y + b \end{pmatrix}$$

次に点 (x, y) を原点を中心として θ 回転させたとき、回転後の点は行列 (Matrix) と三角関数を使って次のように表すことができます。

$$\begin{pmatrix} \cos\theta & -\sin\theta \\ \sin\theta & \cos\theta \end{pmatrix} \begin{pmatrix} x \\ y \end{pmatrix} = \begin{pmatrix} x\cos\theta - y\sin\theta \\ x\sin\theta + y\cos\theta \end{pmatrix}$$

また、点 (x, y) を原点中心で r 倍拡大（あるいは縮小）する場合、$r(x, y) = (rx, ry)$ と計算できます。以上を踏まえると、操作 A と操作 B は次のように数式で表現することができます。

$$\text{操作 } A \;:\; \begin{pmatrix} x \\ y \end{pmatrix} \longrightarrow \frac{1}{\sqrt{2}} \begin{pmatrix} \cos 45° & -\sin 45° \\ \sin 45° & \cos 45° \end{pmatrix} \begin{pmatrix} x \\ y \end{pmatrix} = \frac{1}{2} \begin{pmatrix} x - y \\ x + y \end{pmatrix}$$

$$\text{操作 } B \;:\; \begin{pmatrix} x \\ y \end{pmatrix} \longrightarrow \frac{1}{\sqrt{2}} \begin{pmatrix} \cos 135° & -\sin 135° \\ \sin 135° & \cos 135° \end{pmatrix} \begin{pmatrix} x \\ y \end{pmatrix} + \begin{pmatrix} 1 \\ 0 \end{pmatrix} = \frac{1}{2} \begin{pmatrix} -x - y \\ x - y \end{pmatrix} + \begin{pmatrix} 1 \\ 0 \end{pmatrix}$$

図 4.48　次の世代へ成長するドラゴン曲線

4

　先ほどExcelを使ってドラゴン曲線を作成する方法を紹介しました。最初の「Excel操作1」は操作Aに対応します。「Excel操作2」は45°回転させた前半の部分をさらに「90°回転」させ、x方向に1平行移動させているので、操作Bに対応しています。点の位置はこれで十分ですが、Excelの線付き散布図の場合、線を結ぶ順番が決まっています。そのため形式的に、点の並び替えを最後に行っているというわけです。

　また、ドラゴン曲線にはいくつかの平面に敷き詰めパターンがあります。例えば、2つのドラゴン曲線を背中合わせにしたものをツイン・ドラゴン（Twin dragon）と呼びます。この貼り合わせについて簡単に説明します。ドラゴン曲線は元々線分を「成長」させてできるものでした。ツインドラゴンも元々は2つの線分を成長させることで実現できているはずです。実際に**図 4.49**のように2つの線分を重ねた状態から始めて、「逆向き」に成長させていくことでツイン・ドラゴンが構成できます。

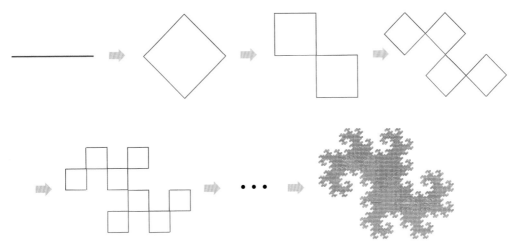

図 4.49　2つの線分を「逆向き」に成長させ、ツイン・ドラゴンを描く

　また、4つのドラゴン曲線のタイリングについても、その「成長過程」は**図 4.50**のように説明できます。

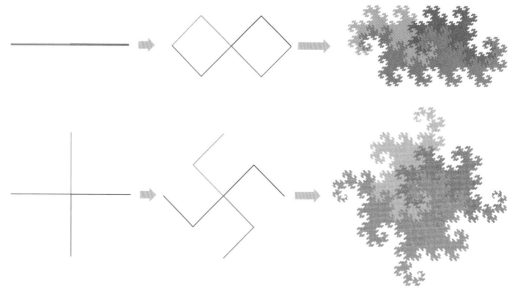

図 4.50　4つの線分をそれぞれの向きで成長させる

　続いて、ドラゴン曲線の相似次元を考えましょう。構成方法から明らかなように、$1/\sqrt{2}$ の大きさのドラゴン曲線を2個使うことで元のサイズになることから、相似次元 D は

$$2 \times \left(\frac{1}{\sqrt{2}}\right)^{D} = 1$$

を満たし、これを解くと $D = 2$ となります。つまり、極限まで細かく描かれたドラゴン曲線は、平面と同じ2次元となります。これは、本来1次元である「線」を平面上に「隙間なく」敷き詰めるという**平面充填曲線**（Plane filling curve）の一例であることを示しています。この問題はイタリアの数学者ジュゼッペ・ペアノ（Giuseppe Peano）（1858〜1932）による、閉区間 $[0,1]$ から単位正方形 $[0,1] \times [0,1]$ への全射な連続写像の発見に始まります（単射ではなく、そのような写像は存在しないことが知られています）。

図 4.51　ペアノによる平面充填曲線の構成（ペアノ曲線）

　さて、このような、自身の形をコピーしてそれらを縮小、平行移動させる操作（写像）を複数扱う仕組みは「**反復関数系**（Iterated function system, IFS）」の考え方に基づいています。IFSは自己相似性を持つ図形を容易に描写でき、フラクタル図形を生成する一般的な方法の1つです。「距離」や「極限」が考えられる空間（**完備距離空間**（Complete metric space））と縮小写像（Contraction mapping）の集合のペアとして一般に定義されますが、ここではあまり深く立ち入

らないことにします。ドラゴン曲線の例では、操作*A*と操作*B*が縮小写像にあたり、「フラクタル図形」とは、この操作の「極限集合」として考えることができます。つまり、何度操作を行っても自分自身と同じものになる、いわば固定点の集合として捉えます。このようなIFSの考え方は1981年に現在オーストラリア国立大学名誉教授のジョン・ハッチンソン（John Hutchinson）によって導入され、イギリスの数学者マイケル・バーンズリー（Michael Fielding Barnsley）（1946～）の『Fractals Everywhere』という著書で紹介され、広く知られるようになりました。

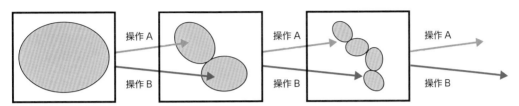

図 4.52　反復関数系（IFS）のイメージ（写像が2つの場合）

『Fractals Everywhere』ではIFSの応用として、施す関数が確率的に決まる確率的反復関数系（Random iterated function system）という手法も紹介されています。この話題に関しては乱数を扱う節で詳しくお話します。

ゴールデン・ドラゴン曲線

次にIFSを使った特殊なドラゴン曲線を紹介しましょう。先ほどのヘイウェイ・ドラゴンと構造はほとんど同じですが、少し大きさや角度を変えてみます。

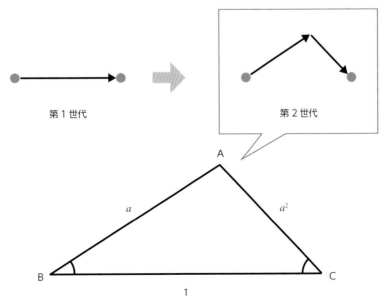

図 4.53　第1世代から第2世代へ

　ここで、三角形ABCにおいて底辺BCを1とし、辺ABの長さaは黄金比$\phi = \dfrac{1+\sqrt{5}}{2}$を用いて次のように定めます。

$$a := \left(\frac{1}{\phi}\right)^{\frac{1}{\phi}}$$

とても唐突な感じはしますが、とりあえずこの三角形を考えていきます。まず余弦定理を使って$\cos B$を求めます。

$$a^4 = a^2 + 1 - 2a\cos B \Rightarrow \cos B = \frac{1 + a^2 - a^4}{2a}$$

同様にして$\cos C$も次のように求まります。

$$\cos C = \frac{1 + a^4 - a^2}{2a^2}$$

$\cos B, \cos C$が求まったので、公式$\sin^2\theta + \cos^2\theta = 1$から$\sin B, \sin C$も求まります。以上の数値を使って次の操作を考えましょう。

$$\text{操作}A \; : \; \begin{pmatrix} x \\ y \end{pmatrix} \longrightarrow a\begin{pmatrix} \cos B & -\sin B \\ \sin B & \cos B \end{pmatrix}\begin{pmatrix} x \\ y \end{pmatrix}$$

$$\text{操作}B \; : \; \begin{pmatrix} x \\ y \end{pmatrix} \longrightarrow a^2\begin{pmatrix} \cos(180° - C) & -\sin(180° - C) \\ \sin(180° - C) & \cos(180° - C) \end{pmatrix}\begin{pmatrix} x \\ y \end{pmatrix} + \begin{pmatrix} 1 \\ 0 \end{pmatrix}$$

これらの縮小写像を第1世代から順に施していくと次のような図形が得られます。この図形を「ゴールデン・ドラゴン曲線（Golden dragon curve）」と呼びます。

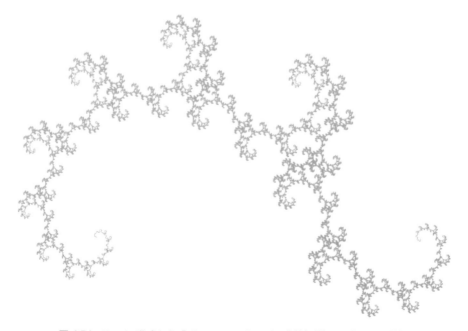

図 4.54　Excelで作成した「ゴールデン・ドラゴン曲線」（第17世代まで計算）

天下り的な定義だったのでいまいちわかりにくいと思いますが、この曲線の大きな特徴はそのフラクタル次元にあります。相似次元の考え方で、実際に次元を求めてみましょう。

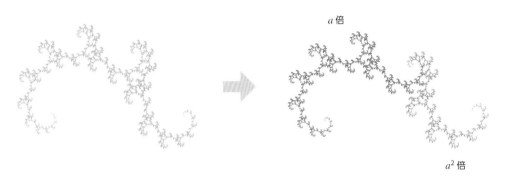

図 4.55 元の形を a 倍縮小したものと a^2 倍縮小したもので構成される

図 4.55 のように、この曲線は元の大きさの a 倍と、a^2 倍の部分で構成されているので、相似次元 D は $a^D + a^{2D} = 1$ という等式を満たします。この両辺を a^{2D} で割って整理すると、黄金比の得られる方程式 $X^2 = X + 1$ が見えてきます。正の数が解になることから

$$\left(\frac{1}{a^D}\right)^2 = \frac{1}{a^D} + 1 \Rightarrow \frac{1}{a^D} = \phi \Rightarrow \phi^{\frac{D}{\phi}} = \phi$$

となり、ϕ^x の単調性から $D = \phi$ が得られます。つまり、ゴールデン・ドラゴン曲線は、黄金比次元のフラクタル図形となります。

リンデンマイヤー・システム（L システム）

ドラゴン曲線のような再帰的なフラクタル図形はリンデンマイヤー・システム（Lindenmayer System, L-System）の考え方で実現することもできます（以降、L システムと呼ぶことにします）。これは、ハンガリーの植物学者アリステッド・リンデンマイヤー（Aristid Lindenmayer）（1925〜1989）により、植物の成長過程や構造を表現するために導入されました。L システムは、とても簡潔にいうと、ルールにしたがって文字列を「成長」させていくアルゴリズムです。L システムに必要なのは、(1) 使用する文字「V」、(2) 初期状態「ω」、(3) ルール「P」の 3 つです。これらの 3 つ組を $\mathbb{G} = \{V, \omega, P\}$ と表すことにします。例えば、$\mathbb{G} = \{(A, B), A, (A \rightarrow AB, B \rightarrow A)\}$ とすると、$n = 1$ から $n = 5$ までの成長は

$$n = 1 \quad : \quad A$$
$$n = 2 \quad : \quad AB$$
$$n = 3 \quad : \quad ABA$$
$$n = 4 \quad : \quad ABAAB$$
$$n = 5 \quad : \quad ABAABABA$$

となります。これは藻類の細胞分裂による成長のモデルとなっており、A を通常の細胞、B を未熟な細胞として考えることができます（L システム考案のきっかけとなった一例といわれています）。その他にも「＋」や「−」の記号を使って「回転」を表す L システムもあります。例えば、「F」を「一定の距離だけ直進する」、「＋」を「90 度左を向く」、「−」を「90 度右を向く」とします。このとき

$$\mathbb{G} = \{F, F, (F \to F + F - F - F + F)\}$$

によって**図 4.56** のような図形の成長を考えます。

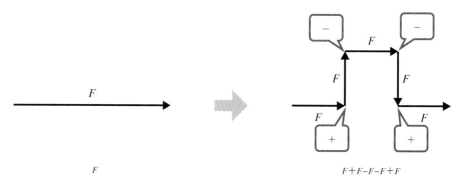

図 4.56　ルールによって図形が描写される

このような操作を繰り返し行うことで得られる模様を**コッホ曲線**（Koch curve）といい、これはスウェーデンの数学者ヘルゲ・フォン・コッホ（Niels Fabian Helge von Koch）（1870〜1924）に由来します。**図 4.56** の模様は基本的に 90 度回転ですが、実際に知られているコッホ曲線は**図 4.57** のような尖った変形をします。

図 4.57　コッホ曲線の成長

最後に、X, Y を描写に無関係な文字とし、「$F, +, -$」は先ほどと同じものとします。また、初期状態を FX とし、ルール P を

$$P : \begin{cases} X & \to X + YF+ \\ Y & \to -FX - Y \end{cases}$$

と定めましょう。このとき、L システム

$$\mathbb{G} = \{(X, Y), FX, (X \to X + YF+, Y \to -FX - Y)\}$$

における最初のいくつかの文字列を列挙すると

$$n = 1 \quad : \quad FX$$

$$n = 2 \quad : \quad FX + YF+$$

$$n = 3 \quad : \quad FX + YF + + - FX - YF+$$

$$n = 4 \quad : \quad FX + YF + + - FX - YF + + - FX + YF + - - FX - YF+$$

となります。ここで、X, Y は描写に無関係であることと、「$+ + -$」は「90 度左を向いてさらに 90 度左を向いて、最後に 90 度右を向く」＝「90 度左を向く」ということを意味します。「$+ - -$」も同様に考えると「90 度右を向く」ということを表します。この L システムを少しだけ描写してみましょう。

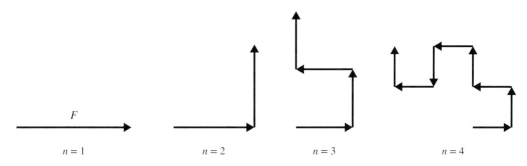

図 **4.58** L システムにおけるドラゴン曲線の描写

　実は、ドラゴン曲線になります。このように、L システムはコッホ曲線だけでなく、ドラゴン曲線などの多くのフラクタル図形（再帰的な図形）を描くことができます。

4.5　乱数を使った「ランダム・アート」

　この節では、フラクタルのような複雑さとは別の「ランダム」な図形について説明していきます。Excel には 0 以上 1 未満の数をランダムに出力する関数「RAND()」があります。これを使って、「予想だにしないランダムな模様」を作ってみましょう。

ランダム・ウォーク

　ここでは、乱数を使った描写例として「ランダム・ウォーク」を紹介します。**図 4.59** は 40000 個のデータを用いて Excel で描いた（単純）ランダム・ウォークです。

図 4.59　ランダム・ウォーク

ランダムな移動を描く

ランダム・ウォークを描く前に、乱数を使った簡単な例をExcelで出力してみましょう。

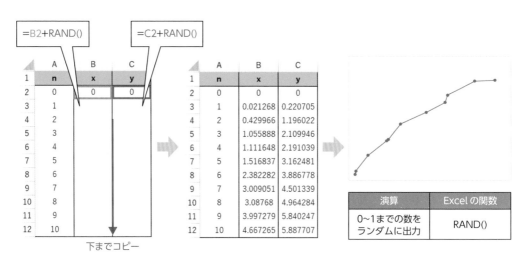

図 4.60　前の位置に乱数を加える

　まず、始まりの点$(0, 0)$を設定します。この点を、2つの乱数を使って平行移動させます。これが最初の「ステップ」です。つまり、1つ上の段を参照して、RAND()の値を足すだけで第1ステップが完了します。Excelのコピー機能を使って、例えば、10行ほどデータを作成してみましょう。これは10ステップまでの「歩みの記録」となるわけです。xとyの列を選択して散布図で描くと、

図4.60のような"ランダム"な折れ線が出来上がります（もちろん、形は乱数に依存するので、ここに示した折れ線と必ずしも一致しません）。これは、RAND()が正の数を出力することから、正の方向（右上）に向かってランダムなステップ（1つのステップの距離は1以下）を踏んでいます。しかし、交差もなく構造が単純なので、少し修正をしてみましょう。

単純ランダム・ウォークを描く

1つのステップで移動できる方向と移動距離を絞ってみます。例えば、4つの方向にそれぞれ1/4の確率で一定の距離進むようなステップを考えましょう。

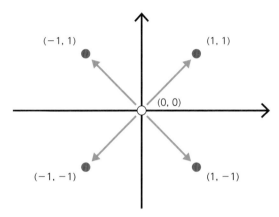

図4.61　原点$(0,0)$から4つの方向へランダムに移動する

先ほどは前の位置に「RAND()」を使って0以上1未満のランダムな数を足していきました。ここでは1/4の確率で、4つの方向に移動させるために「IF関数」を利用します。

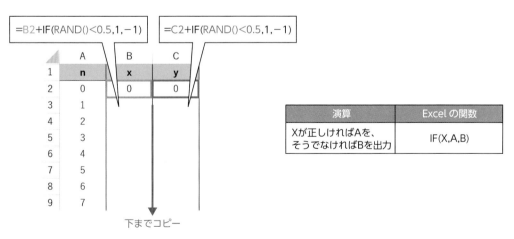

図4.62　IF関数を使って4方向にランダムに移動させる

図4.62のように、IF関数を利用してx座標とy座標でそれぞれ1/2の確率で±1を加えます。これにより、1/4の確率で直交する4方向へ移動させることが可能となります（なお、移動距離は一定で$\sqrt{2}$となります）。50歩進んだものと5000歩進んだものの一例を**図4.63**に載せておきます。

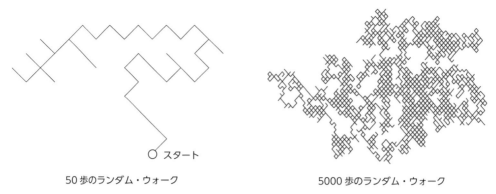

スタート

50 歩のランダム・ウォーク　　　　　　　5000 歩のランダム・ウォーク

図 4.63　50 歩（左）と 5000 歩（右）の単純ランダム・ウォーク

ランダム・ウォークの数理

　このような、いくつかの方向にランダムに移動することをランダム・ウォーク（Random walk）といいます。酔っ払った人は予想できない動きをする様子から、ランダムウォークは酔歩ともいいます。また、移動する方向が直交する場合は単純ランダム・ウォーク（Simple random walk）といい、各方向に等確率で移動するランダム・ウォークを対称（Symmetric）、確率が異なる場合を非対称（Asymmetric）であるといいます。

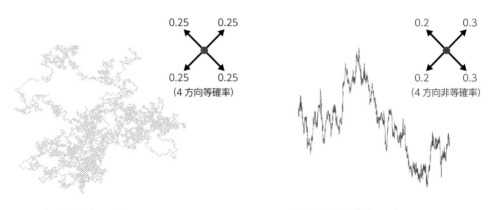

2 次元対称単純ランダム・ウォーク　　　　　2 次元非対称対称単純ランダム・ウォーク

図 4.64　対称なランダム・ウォーク（左）と非対称なランダム・ウォーク（右）

　対称単純ランダム・ウォークは各次元で考えることができます。2 次元の場合、直交する方向は 2 つであり、逆向きも入れると全部で 4 つの方向になります。これが先ほど Excel で描いた例であり、2 次元対称単純ランダム・ウォークといいます。同様に 3 次元の場合、直交する方向は逆向きも合わせて 6 方向あります。一般に N 次元の対称単純ランダム・ウォークでは、逆向きも合わせて直交する方向は全部で $2N$ 方向あり、各方向に $1/2N$ の確率で移動します。

　また、ランダム・ウォークにおいて「いつか元の位置（原点）に戻ってこられるかどうか」という問題が考えられます。「いつか元に戻ってこられる確率」を再帰確率（Recurrent probability）といい、この確率が1であるとき、そのランダム・ウォークは再帰的（Recurrent）であるといいます。特に、1次元と2次元の対称単純ランダム・ウォークはともに再帰的となります。そして驚くべきことに、3次元以上の場合、非再帰的となることが知られています。

ランダム・ウォークの歴史

　水面上における花粉の粒子が時間の経過と共に「ランダム」に拡散していく現象をブラウン運動（Brownian motion）といい、数学的に定式化されています。このブラウン運動の理論を株価や経済の世界で再記述したものがランダム・ウォークの理論となっています。ちなみに「ブラウン運動」は花粉粒子の動きを細かく記録したイギリスの植物学者ロバート・ブラウン（Robert Brown）（1773～1858）に由来しています。このような粒子の「不規則な動き」をはじめて金融商品の価格に応用したのはフランスの数学者ルイ・バシュリエ（Louis Jean-Baptiste Alphonse Bachelier）（1870～1946）といわれています。彼は証券取引所で働いたことがきっかけで、金融市場を確率の理論で捉えられるのではないかと考えました。1900年に提出された彼の博士論文は、実際に株価変動に確率論を用いた画期的なものでした。特筆すべきは、「20世紀最高の物理学者」アルベルト・アインシュタイン（Albert Einstein）（1879～1955）による「ブラウン運動が拡散方程式を満たす」という発見や、アメリカの数学者ノーバート・ウィーナー（Norbert Wiener）（1894～1964）によって1920年代に示された「ウィーナー過程の理論」などが、1900年の時点でバシュリエの博士論文に言及されていたことです！　バシュリエの指導教員は「ポアンカレ予想」でも有名な大数学者アンリ・ポアンカレ（Henri Poincaré）（1854～1912）で、ポアンカレ自体は論文の内容に高い評価をしていました。しかし世間的には、エキセントリックすぎる印象や、確率論やフラクタルで有名な数学者ポール・レヴィ（Paul Lévy）（1886～1971）による否定的な指摘（結局レヴィが間違っていたことが後で判明する）の影響もあり、残念ながらあまり注目されずにいました。埋もれてしまったバシュリエの業績は1960年頃に「発掘」され、大いに評価されるようになりました。バシュリエの理論は半世紀も先を進んでいたともいえるでしょう。

レヴィのダスト

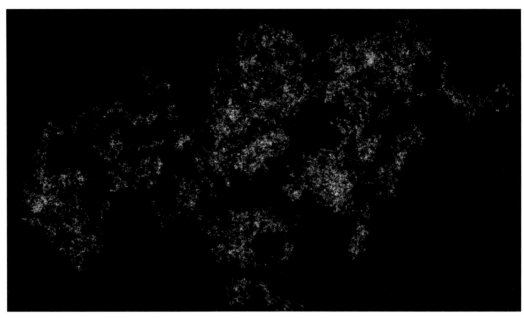

図 4.65 宇宙空間の星の分布モデル「レヴィのダスト」（点の数：300000 個で作成）

宇宙空間の星の分布モデルとして、レヴィのダスト（Lévy dust）というモデルがあり、**図 4.65** のように神秘的な模様を数式から再現することができます。図をよく見てみると、各点は「塊」を形成しており、これが、銀河団や惑星系といった塊の類似として考えられています。なお、モデルを提案したのはマンデルブロです。

レヴィのダストをExcelで作成してみよう

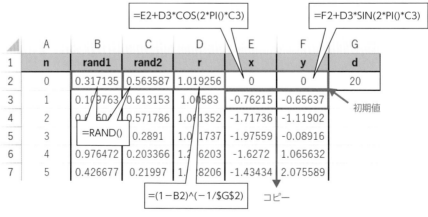

図 4.66 Excel による「レヴィのダスト」の作成

　レヴィのダストはランダム・ウォークの一種です。先ほどの例は4つの方向に1/4の確率で一定の距離（具体的には$\sqrt{2}$）だけ移動していましたが、今回は「全方向に一様の確率で、進む距離はべき分布（Power low distribution）にしたがう」というものです。Excelの表では、べき分布のシミュレーション（4列目）に使う乱数を2列目、方向の決定に使う乱数を3列目とします。4列目と5列目は1つ前の行（初期値）に移動方向を足すことで出力します。べき分布についての詳しい説明は他書に譲りますが、ここでは進む距離rを、0以上1未満の乱数u（表の中の「rand1」）と定数dを使って次のようなシミュレーションを考えます。

$$r = (1-u)^{-\frac{1}{d}}$$

4列目はこの式を表しています。方向に関しては、乱数u'（表の中の「rand2」）を使って

$$\begin{cases} x_{n+1} = x_n + r\cos(2\pi u') \\ y_{n+1} = y_n + r\sin(2\pi u') \end{cases}$$

と定めることで、全方向に一様の確率で距離r（確率変数）進むランダムウォークが完成します。なお、今回は散布図を線で結ばずに、「枠線なし」で最小サイズに編集したマーカーのみを出力しています。

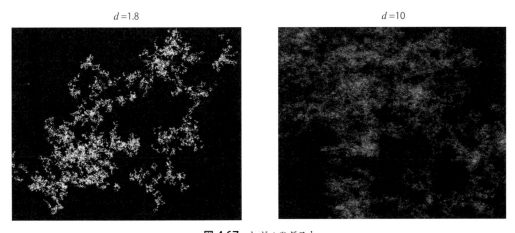

$d=1.8$　　　　　　　　　　　　　　$d=10$

図 4.67　レヴィのダスト

　図4.67のように、dの値を変えることで、集団の様子が変わってきます。

ランダム・ストリング・アート

　次に乱数をストリング・アートに応用してみましょう。第2章で紹介した円周上のストリング・アートにおいて、点の位置をランダムに配置し、線で結びます。実際に100個と1000個の点で作成してみました。

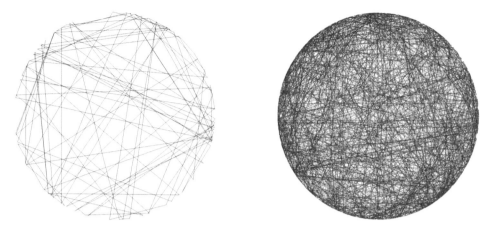

図 4.68　100個の場合（左）と1000個の場合（右）のランダム・ストリング・アート

　x座標とy座標とは別に、乱数専用の列を用意しておきます。この列の乱数（0以上1未満の数）を参照してcosとsinに入れていきます。なお、x座標とy座標に用いる乱数は同一のものでなくてはいけないことに注意してください。ここが異なると、点が円周上に乗りません。

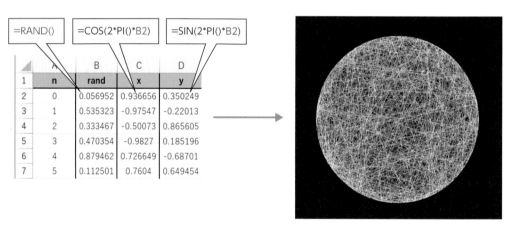

図 4.69　円周上にランダムな点を置く

　図 4.69のようにExcelで円周上のランダムな位置に点を置き、線付きの散布図を出力します。これにより、ランダムな糸掛け曼荼羅が出来上がります。さらに、半径の位置も乱数を使って出力すると、**図 4.70**のような立体的な模様もできます。

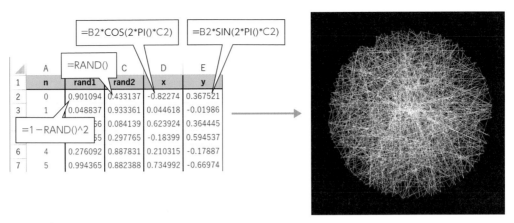

図 4.70　円内部にランダムな点を置く

確率的反復関数系

　ドラゴン曲線を描く際に、2種類の関数を交互に繰り返し施すことで形を構成する「反復関数系（IFS）」について触れました。ここでは、関数を交互に選択するのではなく、複数の関数からランダムに（確率的に）選択するという確率的反復関数系（Random iterated function system）（以降RIFSと略します）を紹介します。IFSの場合は、複数の写像（変換）を交互に、あるいは規則的に施すことで、初期の状態のものを「成長」させていきました。これに対してRIFSでは、次に施される変換がランダム（一定の確率）で決まるような成長を考えます。

ヘイウェイ・ドラゴンとレヴィ・ドラゴン

図 4.71　RIFSを使った「ヘイウェイ・ドラゴン」（左）と「レヴィ・ドラゴン」（右）

　RIFSを使って2種類のドラゴン曲線を描いてみましょう。まず、**図 4.72**のような表を作ります。点の個数は多ければ多いほどよく、今回は200000個で行いました。先ほどのレヴィのダストと同様にマーカーのみの出力で、「枠線なし」とし、サイズは最小にしておくと細かい描写が可能です（マーカーのオプションから「組み込み」で好きな形が選べます）。

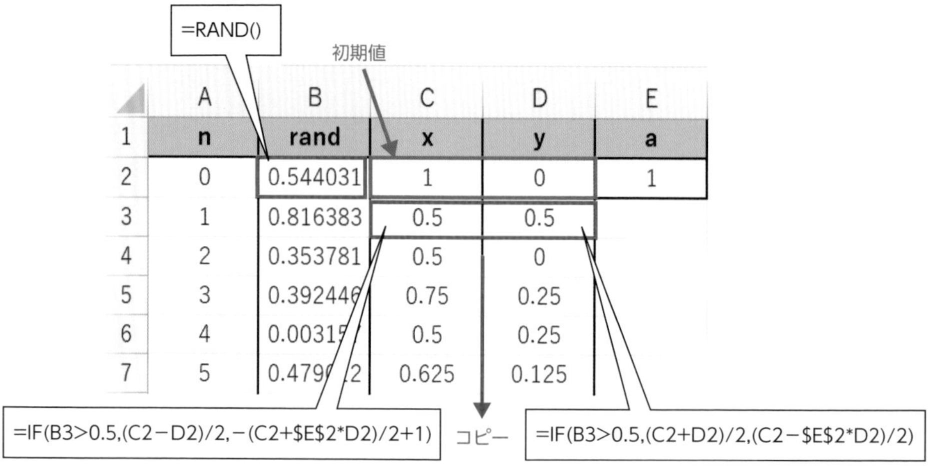

=RAND()

初期値

	A	B	C	D	E
1	**n**	**rand**	**x**	**y**	**a**
2	0	0.544031	1	0	1
3	1	0.816383	0.5	0.5	
4	2	0.353781	0.5	0	
5	3	0.392446	0.75	0.25	
6	4	0.00315	0.5	0.25	
7	5	0.479 2	0.625	0.125	

=IF(B3>0.5,(C2−D2)/2,−(C2+\$E\$2*D2)/2+1)　　　　コピー　　　=IF(B3>0.5,(C2+D2)/2,(C2−\$E\$2*D2)/2)

図 4.72　ExcelでRIFSを出力（ドラゴン曲線）

　こうして得られた x と y の2列を散布図で出力します。$a = 1$ の場合、ヘイウェイのドラゴン曲線が出力され、$a = -1$ とすると全く異なる模様が現れます。

$a = -1$　　　　　　　　　　　　　　　　　　　　　　$a = 1$

図 4.73　ExcelでRIFSを出力（ドラゴン曲線 $a = \pm 1$）

　$a = -1$ のときの図形はレヴィ C ドラゴン（Lévy C dragon）といわれる曲線で、フラクタル図形の中でも最初期に発見された有名な模様です。さらに、a の値を変えてみましょう。

$a = -1.5$　　　　　　　　　$a = 0$　　　　　　　　　$a = 1.5$

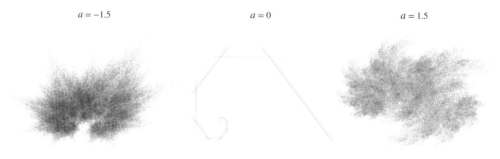

図 4.74　ExcelでRIFSを出力（ドラゴン曲線 $a = -1.5, 0, 1.5$）

　図4.74のように、絶対値が1を超えた途端、形が崩れていくのがわかり、$a = 0$のときは螺旋のような模様が出来上がります。

カオスゲーム

図4.75　RIFSを使った「カオスゲーム」の例

　RIFSを応用することで、簡潔にシェルピンスキー・ギャスケットや美しい幾何学模様を描くこともできます。実際にExcelで作成してみましょう。

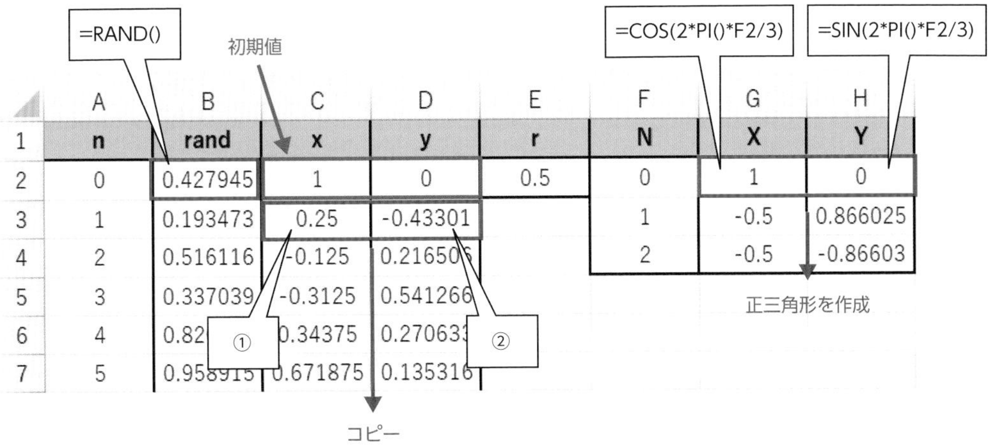

```
=RAND()        初期値                                    =COS(2*PI()*F2/3)   =SIN(2*PI()*F2/3)
```

	A	B	C	D	E	F	G	H
1	**n**	**rand**	**x**	**y**	**r**	**N**	**X**	**Y**
2	0	0.427945	1	0	0.5	0	1	0
3	1	0.193473	0.25	-0.43301		1	-0.5	0.866025
4	2	0.516116	-0.125	0.216506		2	-0.5	-0.86603
5	3	0.337039	-0.3125	0.541266				
6	4	0.82	0.34375	0.270633				
7	5	0.958915	0.671875	0.135316				

正三角形を作成

①

②

コピー

①=IF(B3>2/3,(C2+$G$2)*$E$2,IF(B3>1/3,(C2+$G$3)*$E$2,(C2+$G$4)*$E$2))
②=IF(B3>2/3,(D2+$H$2)*$E$2,IF(B3>1/3,(D2+$H$3)*$E$2,(D2+$H$4)*$E$2))

図4.76　ExcelでRIFSを出力（シェルピンスキー・ギャスケット）

　まず、表の右側に正三角形の点を作成しておきます。次に乱数と初期値、そしてC3とD3のセルにはIF関数を使った式を入力します。点の個数をなるべく多めに設定し、xとyの散布図を出力すると、**図4.77**の左のような、朧げなシェルピンスキー・ギャスケットが出来上がります。

図 4.77　シェルピンスキー・ギャスケット（点の個数：10000 個）と正六角形のフラクタル図形（点の個数：10000 個）

隣に用意した正三角形の部分は、一般に正 n 角形にしても同様に模様を作成することができます。例えば、正六角形の場合は**図 4.78**のように入力します。

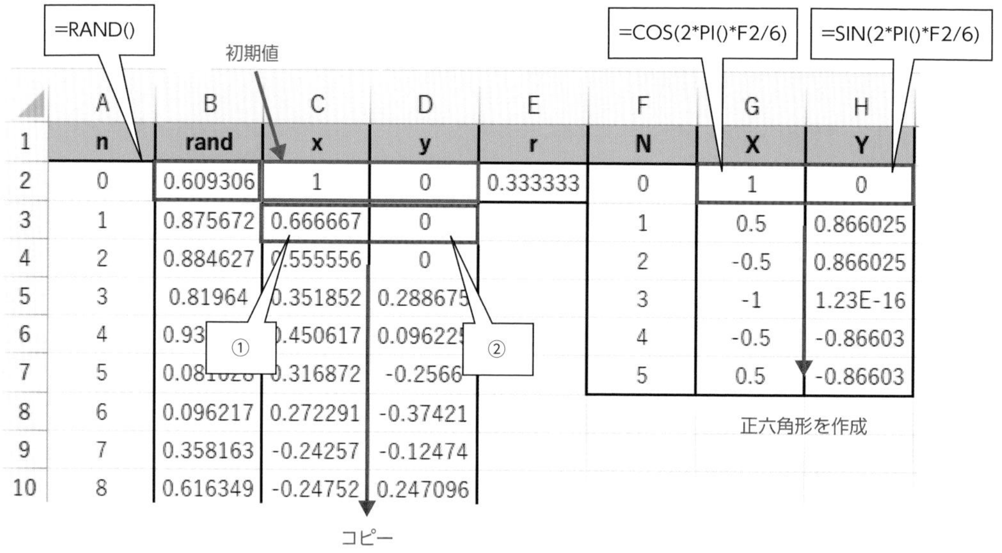

=RAND()　　初期値　　　　　　　　　　　　　　　　　　=COS(2*PI()*F2/6)　=SIN(2*PI()*F2/6)

	A	B	C	D	E	F	G	H
1	**n**	**rand**	**x**	**y**	**r**	**N**	**X**	**Y**
2	0	0.609306	1	0	0.333333	0	1	0
3	1	0.875672	0.666667	0		1	0.5	0.866025
4	2	0.884627	0.555556	0		2	-0.5	0.866025
5	3	0.81964	0.351852	0.288675		3	-1	1.23E-16
6	4	0.93	0.450617	0.09622		4	-0.5	-0.86603
7	5	0.081	0.316872	-0.2566		5	0.5	-0.86603
8	6	0.096217	0.272291	-0.37421				
9	7	0.358163	-0.24257	-0.12474				
10	8	0.616349	-0.24752	0.247096				

① ② 正六角形を作成

コピー

①=IF(B3>5/6,(C2+$G$2)*$E$2,IF(B3>4/6,(C2+$G$3)*$E$2,IF(B3>3/6,(C2+$G$4)*$E$2,
　IF(B3>2/6,(C2+$G$5)*$E$2,IF(B3>1/6,(C2+$G$6)*$E$2,(C2+$G$7)*$E$2)))))

②=IF(B3>5/6,(D2+$H$2)*$E$2,IF(B3>4/6,(D2+$H$3)*$E$2,IF(B3>3/6,(D2+$H$4)*$E$2,
　IF(B3>2/6,(D2+$H$5)*$E$2,IF(B3>1/6,(D2+$H$6)*$E$2,(D2+$H$7)*$E$2)))))

図 4.78　Excel で RIFS を出力（正六角形のフラクタル図形）

r の値は 1/3 としておきます。このとき散布図を出力すると、先ほどの**図 4.77**の右のような、正六角形をベースとした美しいフラクタル図形が得られます。これらは**カオスゲーム**（Chaos game）と呼ばれる RIFS の一種で、一般の正多角形に対してフラクタル図形を描くシステムとなっています。初期値を多角形の頂点にとり（実は最終的に頂点に依存しません）、各頂点との距離を $r : 1-r$ に内分する点へ等確率で移っていくという変換を繰り返し行います。例えば、ベースが正六角形で、$r = 1/3$ の場合は**図 4.79**のような点の移動となります。

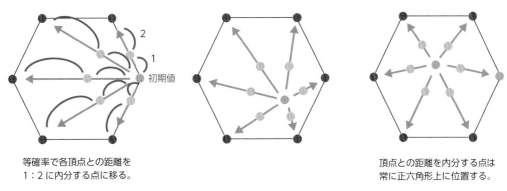

等確率で各頂点との距離を
1：2に内分する点に移る。

頂点との距離を内分する点は
常に正六角形上に位置する。

図 4.79 6つの頂点との距離を1：2に内分する点に等確率で移る様子

こうして、正多角形の構造が図形の内側で繰り返し現れ、ランダムに形を補間していくようなイメージで図形が出来上がります。

バーンズリーのシダ

図 4.80 RIFSを使った「バーンズリーのシダ」（左）と「フラクタル・ツリー」（右）

図 4.80 の模様はマイケル・バーンズリーの著書『Fractals Everywhere』でも紹介されており、左のシダ植物のような模様はバーンズリーのシダ（Barnsley fern）、右のブロッコリーのような模様はフラクタル・ツリー（Fractal tree）と呼ばれています。それぞれのExcelでの出力方法をまとめておきましょう。まずはシダです。**図 4.81** のように乱数、初期値、そして関数を入力します。

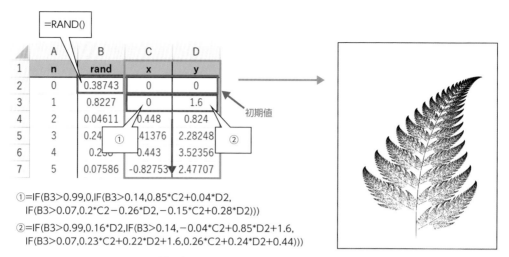

① =IF(B3>0.99,0,IF(B3>0.14,0.85*C2+0.04*D2,
　　IF(B3>0.07,0.2*C2−0.26*D2,−0.15*C2+0.28*D2)))

② =IF(B3>0.99,0.16*D2,IF(B3>0.14,−0.04*C2+0.85*D2+1.6,
　　IF(B3>0.07,0.23*C2+0.22*D2+1.6,0.26*C2+0.24*D2+0.44)))

図 4.81　Excel で描くバーンズリーのシダ

　できるだけ多くの点をコピーし、x と y の散布図を描きましょう。すると美しいシダ植物の模様が出力されます。関数が長いので、出力のイメージを図で表すと**図 4.82** のようになります。

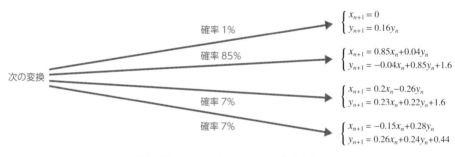

図 4.82　バーンズリーのシダの作成過程

　各確率で4種類の変換が選ばれていくシステムがこのシダの作り方です。最後にフラクタル・ツリーの出力を載せておきます。シダのときと同様に、**図 4.83** のような入力を行います。

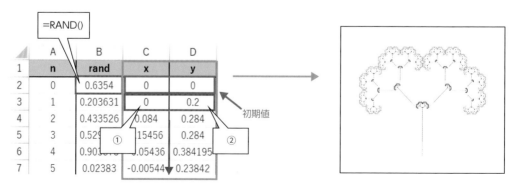

① =IF(B3>0.95,0,IF(B3>0.55,0.42*(C2−D2),IF(B3>0.15,0.42*(C2+D2),0.1*C2)))
② =IF(B3>0.95,0.5*D2,IF(B3>0.55,0.42*(C2+D2)+0.2,IF(B3>0.15,0.42*(−C2+D2)+0.2,0.1*D2+0.2)))

図 4.83　Excel で描くフラクタル・ツリー

4.6 力学系とカオス・アート

次に「力学系」が織りなすアートについて見ていきます。まずは力学系について説明していきましょう。例えば次のような集合 X を考えます。

$$X = \{1, 2, 3, 4, 5, 6\}$$

そして、この集合の元の並び替えを次のように定めましょう。

$$p(1) = 2, \quad p(2) = 3, \quad p(3) = 4$$
$$p(3) = 4, \quad p(4) = 5, \quad p(6) = 1$$

つまり、「1つずらす」ような並び替えです。もちろん7という数字はないので、6は1に戻すことにします。このような、1周回る「サイクル」の構造が並び替えによって見えてきます。

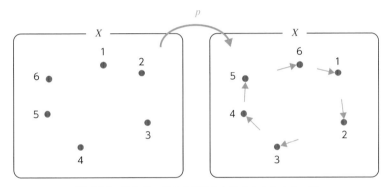

図 4.84 集合 X の元の並び替えとサイクルのイメージ

並び替えはこれ以外にもたくさんあり、「並び替えない」というのも並び替えに含めると全部で $6! = 720$ 通りあります。一般に n 個の点の並び替えの集合を $\mathfrak{S}_n$ と書き、n 次の対称群（Symmetric group）といいます。$\mathfrak{S}_n$ の元の個数は並び替えの総数なので $n!$ となります。さて、この有限個の集合の「並び替え」というのは、集合から同じ集合への「対応」と考えることができます。もう少し一般に集合 X から別の集合 Y へ元を写す（対応させる）システム F を数学では写像（map）と呼び、

$$F : X \longrightarrow Y$$

と表現します。また、同じ点に対応させない（ダブりがない）ような写像を単射（injection）、写した先の集合全部を網羅できるような写像を全射（surjection）といいます。さらに単射かつ全射であるような写像を全単射（bijection）といいます。

写像の例として、ストリング・アートの「糸掛け」を考えることができます。例えば、30個の点があり、隣の点に線が結ばれている状態（つまり正三十角形の状態）を考えます。「30個の円周上の点」という集合に対し、写像として「点の番号を N 倍すること」を考えます。これは「糸掛係数」

を調整して糸掛けを行うことそのものです。**図 4.85**のように、30個の点に対して糸掛係数7で糸を掛ける操作を考えてみましょう。第3章で説明した通り、30と7は互いに素なので、30個全ての点を通る模様となります。これが全単射な写像の例です。

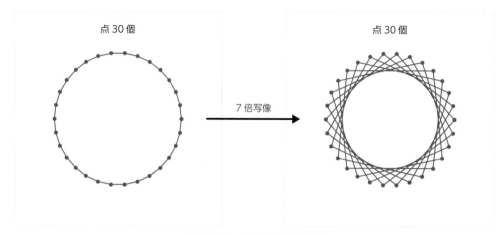

図 4.85　糸掛けによる全単射の例

しかし、糸掛係数を5とすると、6つの点のみに繰り返し糸が掛かり、点の集合としては6個という、元々の個数よりも少なくなってしまいます。元の点のうち5個が同じ位置に対応することから単射ではなく、30個全ての点に移らないことから全射でもなくなります。

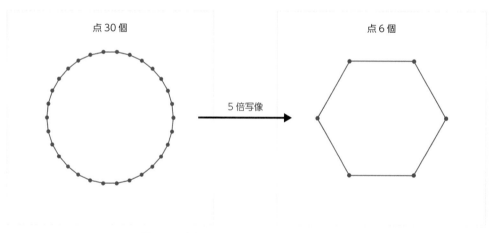

図 4.86　糸掛けによる全射でも単射でもない例

つまり、糸掛係数が点の個数と互いに素であるとき、「糸掛け」という写像は全単射になります。さて、本章で説明するのはこうした写像を使った「離散力学系」というもので、これは大雑把にいうと「集合Xと写像$F : X \longrightarrow X$のペア」のことをいいます。写像$F : X \longrightarrow X$を繰り返し施すことは写像の合成となり、n回の合成をF^nと表記することにします。例えば、$x \in X$をFで3回写すことを次のように表現します。

$$F(F(F(x))) = F^3(x)$$

このように、n秒後の状態と$n+1$秒後の状態のみの変化を考えるシステムを離散力学系（Discrete dynamical system）、連続的な変化を考えるものを連続力学系（Continuous dynamical system）といいます。

離散的な変化 　　　　　　　　　　　　　　　　　　　　　　連続的な変化

図 4.87 離散と連続のイメージ

　こうした時間発展によりできる点の軌道は、何かしらの模様を作り上げることがあります。本節では、元々配置してある有限個の点を入れ替える（その点だけで完結する）のではなく、前の点の位置から、新しい点の位置を決めていくシステムを考えます。いってしまえば、2次元版の数列を考えるだけです。ただし、新しいx座標の位置には、前のx座標の値だけでなく、y座標の値も影響を及ぼすようなものを考えます（新しいy座標も同様です）。つまり、2つの2変数関数F, Gを使って、

$$\begin{cases} x_{n+1} = F(x_n, y_n) \\ y_{n+1} = G(x_n, y_n) \end{cases}$$

といった形を考えます。例えば、初期値を(x_1, y_1)とすると、次の点の位置(x_2, y_2)は$(F(x_1, y_1), G(x_1, y_1))$となります。続けて

$$(x_3, y_3) = (F(F(x_1, y_1), G(x_1, y_1)), G(F(x_1, y_1), G(x_1, y_1)))$$

という具合で、次第に複雑になります。特にFやGが$ax + by$といった形の場合、線形（Linear）であるといい、行列の構造から点の動きが完全に定まり、動きも単調なのであまり面白くありません。点の動きが面白くなるのはxyや$x \sin y$といった線形ではない非線形（Nonlinear）の場合です。

クリフォード・アトラクター

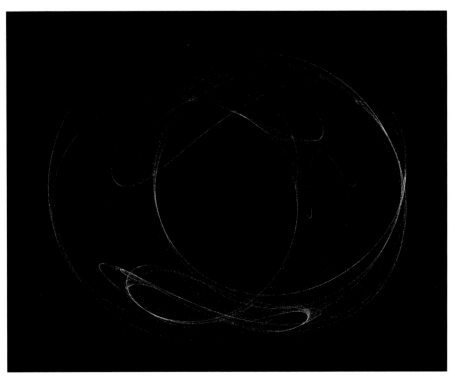

図 4.88　クリフォード・アトラクター（$a = -1.7, b = -1.8, c = -2.3, d = -0.3, N = 240,000$）

　クリフォード・A・ピックオーバー（Clifford A. Pickover）（1957〜）は**図 4.88**のような美しい模様を描く写像を発見しました。これは、次のような写像を繰り返し施すことで得られる点の軌道を散布図にしたもので、彼の名前にちなんで**クリフォード・アトラクター**（Clifford attractor）と呼ばれています。

$$\begin{cases} x_{n+1} = \sin(ay_n) + c\cos(ax_n) \\ y_{n+1} = \sin(bx_n) + d\cos(by_n) \end{cases}$$

初期値は$(x_1, y_1) = (0.1, 0.1)$で設定しておきます。$a \sim d$は、$-3 \leq a, b, c, d \leq 3$の中で自由に選びます。これらの値が0.1でも変わると描写に大きく影響します。そこまで複雑な式ではありませんが、驚くほど美しい模様が出来上がります。早速Excelで描いてみましょう。

初期値

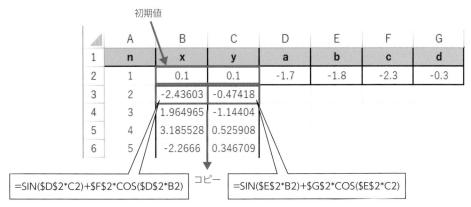

	A	B	C	D	E	F	G
1	**n**	**x**	**y**	**a**	**b**	**c**	**d**
2	1	0.1	0.1	-1.7	-1.8	-2.3	-0.3
3	2	-2.43603	-0.47418				
4	3	1.964965	-1.14404				
5	4	3.185528	0.525908				
6	5	-2.2666	0.346709				

=SIN($D$2*C2)+$F$2*COS($D$2*B2)

コピー

=SIN($E$2*B2)+$G$2*COS($E$2*C2)

図 4.89 Excelでクリフォード・アトラクターを出力する

デヨン・アトラクター

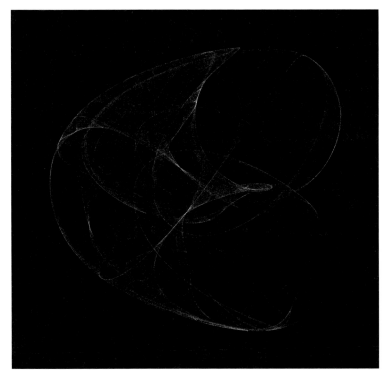

図 4.90 デヨン・アトラクター $(a = -2, b = -2.3, c = -1.4, d = 2.1, N = 240,000)$

ピーター・デヨン（Peter de Jong）によって発見され、デヨン・アトラクター（de Jong attractor）と呼ばれています。これも、クリフォード・アトラクターと同様に三角関数を組み合わせて生成されます。

$$\begin{cases} x_{n+1} = \sin(ay_n) - \cos(bx_n) \\ y_{n+1} = \sin(cx_n) - \cos(dy_n) \end{cases}$$

初期値は$(x_1, y_1) = (0.1, 0.1)$、$-3 \leq a, b, c, d \leq 3$で設定します。

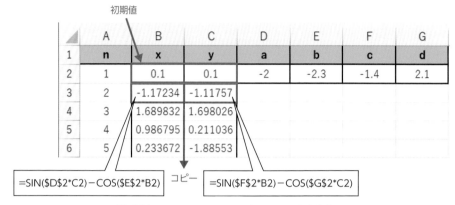

初期値

	A	B	C	D	E	F	G
1	n	x	y	a	b	c	d
2	1	0.1	0.1	-2	-2.3	-1.4	2.1
3	2	-1.17234	-1.11757				
4	3	1.689832	1.698026				
5	4	0.986795	0.211036				
6	5	0.233672	-1.88553				

=SIN($D$2*C2)−COS($E$2*B2)   コピー   =SIN($F$2*B2)−COS($G$2*C2)

図4.91 Excelでデヨン・アトラクターを出力する

ホパロン・アトラクター

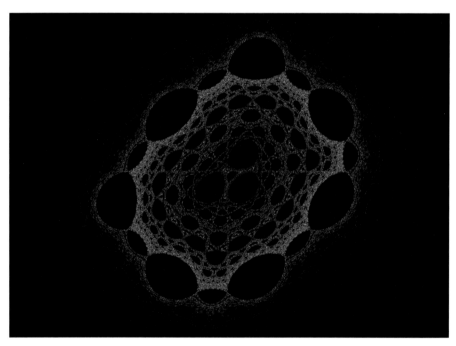

図4.92 ホパロン・アトラクター（$a = 9.3, b = 5.78, c = 7.21, N = 240,000$）

いままでの模様と大きく傾向は違い、幅広く繰り返し穴が開くような形になっています。これ
は、楕円軌道に沿って（along）、ホッピング（hopping）するような動きからホパロン・アトラク
ター（Hopalong attractor）と呼ばれ、イギリスの数学者バリー・マーティン（Barry Martin）に
よって発見されました。

$$\begin{cases} x_{n+1} = y_n - 1 - \dfrac{(x-1)\sqrt{|bx_n - 1 - c|}}{|x-1|} \\ y_{n+1} = a - x_n - 1 \end{cases}$$

初期値は $(x_1, y_1) = (0,0)$、$0 \leq a, b, c \leq 10$ で設定します。

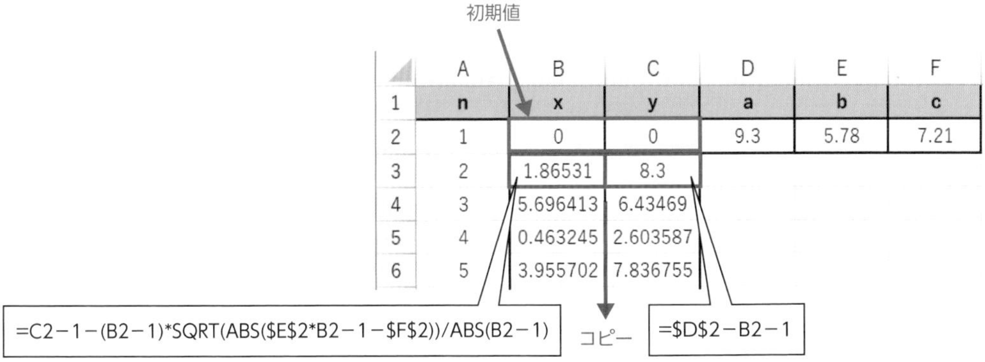

初期値

	A	B	C	D	E	F
1	n	x	y	a	b	c
2	1	0	0	9.3	5.78	7.21
3	2	1.86531	8.3			
4	3	5.696413	6.43469			
5	4	0.463245	2.603587			
6	5	3.955702	7.836755			

=C2−1−(B2−1)*SQRT(ABS($E$2*B2−1−$F$2))/ABS(B2−1)

コピー　　=$D$2−B2−1

図 4.93 Excelでホパロン・アトラクターを出力する

ローレンツ・アトラクター

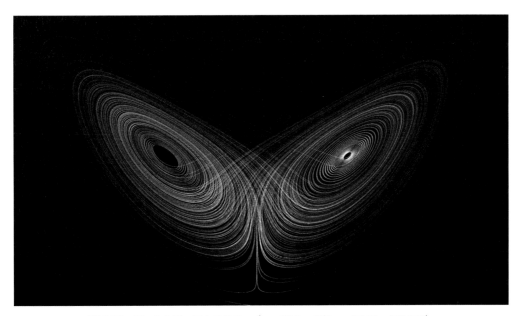

図 4.94 ローレンツ・アトラクター（$\sigma = 10, b = 8/3, r = 28, N = 240,000$）

　続いては、アメリカの気象学者エドワード・ローレンツ（Edward Norton Lorenz）（1917～2008）によって発見された、最も有名なアトラクターの1つであるローレンツ・アトラクター（Lorenz attractor）です。ローレンツは天気予報に関する研究の中で、乱流のモデルとして3つの非線形微分方程式系を考えました。

$$\begin{cases} \dfrac{dx}{dt} = -\sigma(x - y) \\[2mm] \dfrac{dy}{dt} = rx - xz - y \\[2mm] \dfrac{dz}{dt} = -bz + xy \end{cases}$$

そして、この微分方程式の解 $(x(t), y(t), z(t))$ が3次元空間内で複雑な動きをすることを発見しました（特にローレンツは $\sigma = 10, b = 8/3, r = 28$ の場合に注目しています）。実際に微分方程式を満たす解をExcelで直接求めることは難しいので、描写するために微分方程式を次のような点列の漸化式に書き換えます。

$$\begin{cases} \dfrac{x_{n+1} - x_n}{0.001} = -\sigma(x_n - y_n) \\[2mm] \dfrac{y_{n+1} - y_n}{0.001} = rx_n - x_n z_n - y_n \\[2mm] \dfrac{z_{n+1} - z_n}{0.001} = -bz_n + x_n y_n \end{cases} \iff \begin{cases} x_{n+1} = x_n - \sigma(x_n - y_n) \times 0.001 \\[2mm] y_{n+1} = y_n + (rx_n - x_n z_n - y_n) \times 0.001 \\[2mm] z_{n+1} = z_n + (-bz_n + x_n y_n) \times 0.001 \end{cases}$$

この点列は3次元空間内のものですが、描写は平面で行うため、2次元に映る影を散布図で描写することにします。例えば、出力を (x_n, z_n) の2列で行えば、**図 4.94** のような描写が出来上がります。もちろん (x_n, y_n) のペアでも構いません。初期値は $(x_1, y_1, z_1) = (1, 1, 1)$ とします。

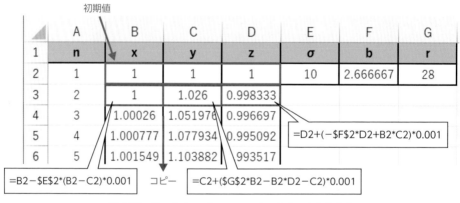

図 4.95　Excelでローレンツ・アトラクターを出力する

このまま (x_n, y_n) の2列から散布図を使って出力できますが、(x_n, z_n) の2列で出力したい場合は y_n の列を空いているところに移動させて、z_n の列を詰めてから散布図を作成します。もし、y_n の列を削除してしまうと、x_n, z_n にも影響を及ぼしてしまうので注意です。

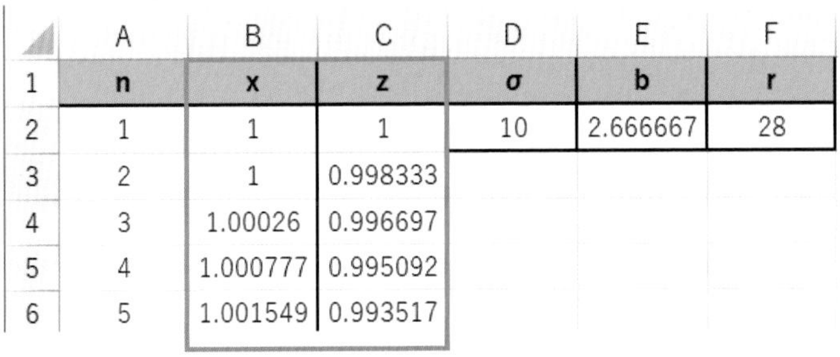

y の列を選択し、空いているスペースに移動させる

	A	B	C	D	E	F
1	**n**	**x**	**z**	**σ**	**b**	**r**
2	1	1	1	10	2.666667	28
3	2	1	0.998333			
4	3	1.00026	0.996697			
5	4	1.000777	0.995092			
6	5	1.001549	0.993517			

(x, z) の 2 列で散布図を作成する

図 4.96 y の列を移動させて、x と z の列で散布図を描く

$(x_n, y_n), (y_n, z_n), (x_n, z_n)$ のそれぞれのペアで散布図を出力した結果を**図 4.97**に載せておきます。これは x, y, z の 3 つの軸を持つ空間上に描かれたローレンツ・アトラクターをそれぞれ xy 平面、yz 平面、xz 平面に射影した模様となっています。

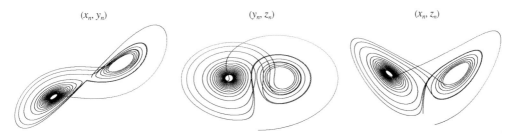

(x_n, y_n) (y_n, z_n) (x_n, z_n)

図 4.97 各方向に射影した、ローレンツ・アトラクター

グモウスキー・ミラ・アトラクター

図 4.98　グモウスキー・ミラ・アトラクター　（$a = 0.007, b = 0.05, c = -0.47, N = 240,000$）

　図 4.98 の模様はイゴーリ・グモウスキー（Igor Gumowski）とクリスチャン・ミラ（Christian Mira）によって発見されたアトラクターで、グモウスキー・ミラ・アトラクター（Gumowski Mira attractor）と呼ばれています。羽を広げた美しい鳥のような模様から、ミラは神話の鳥（Mythic bird）と名付けました。これは次の式から生成されます。

$$\begin{cases} x_{n+1} = y_n + ay_n(1 - by_n^2) + cx_n + \dfrac{2(1-c)x_n^2}{1 + x_n^2} \\ y_{n+1} = -x_n + cx_{n+1} + \dfrac{2(1-c)x_{n+1}^2}{1 + x_{n+1}^2} \end{cases}$$

初期値は $(x_1, y_1) = (0.1, 0.1)$、$0 \leq a, b \leq 1$、$-1 \leq c \leq 1$ で設定します。

初期値

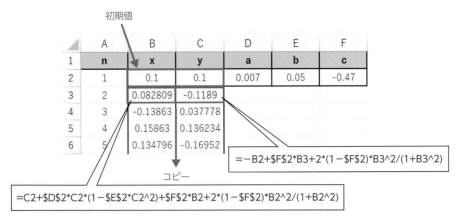

=−B2+\$F\$2*B3+2*(1−\$F\$2)*B3^2/(1+B3^2)

コピー

=C2+\$D\$2*C2*(1−\$E\$2*C2^2)+\$F\$2*B2+2*(1−\$F\$2)*B2^2/(1+B2^2)

図 4.99 Excelでグモウスキー・ミラ・アトラクターを出力する

池田アトラクター

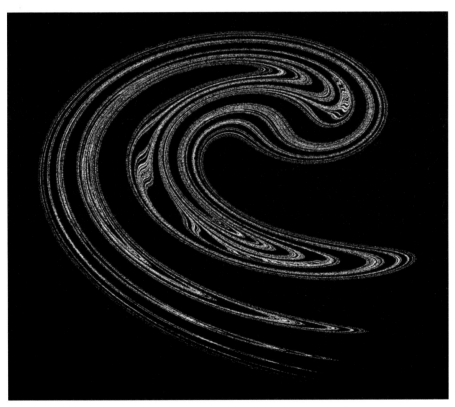

図 4.100 池田アトラクター（$a = 0.901, N = 240,000$）

　図 4.100 の模様は、池田アトラクター（Ikeda attractor）と呼ばれ、日本の物理学者池田研介（1949〜）に由来します。元々は光学の研究の中で扱われた複素数内の写像がベースになっていますが、式の改良、簡略化もされ、実数上の2次元平面における写像として次のものを考えます。

$$\begin{cases} x_{n+1} = 1 + a(x_n \cos u_n - y_n \sin u_n) \\ y_{n+1} = a(x_n \sin u_n + y_n \cos u_n) \end{cases} \quad , \quad u_n := 0.4 - \frac{6}{1 + x_n^2 + y_n^2}$$

初期値は $(x_1, y_1) = (0.1, 0.1)$、$0 \le a \le 1$ で設定します。

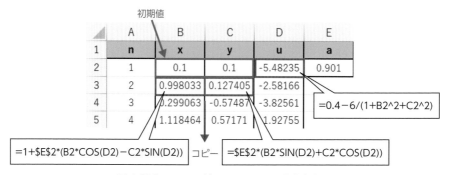

図 4.101　Excelで池田アトラクターを出力する

その他の美しいアトラクター

　ここまでよく知られているアトラクターをいくつか紹介しました。描写において適当（テキトー）な関数を使うと、すぐに値が無限大や0になってしまいがちですが、大きくなりすぎないように反比例や三角関数などを使うことでオリジナルの模様を描くことも可能です。ここでは、これまで知られているものや、様々な関数を駆使してできた模様とその具体的な数式を紹介していきます。

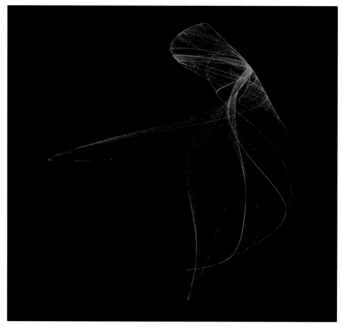

図 4.102　Title: Goldfish　$(a = -0.64, b = 1.25, N = 240{,}000)$

「Goldfish」は次の式で$(x_1, y_1) = (1, 1), a = -0.64, b = 1.25$と設定することで生成されます。

$$\begin{cases} x_{n+1} = \cos(ax_n - y_n) + y_n \sin(bx_n y_n) \\ y_{n+1} = x_n + b \sin y_n \end{cases}$$

色を付けることで、ちょっとしたアート作品になっていきます。Excelへの入力は**図4.103**のようになります。

	A	B	C	D	E
1	**n**	**x**	**y**	**a**	**b**
2	1	1	1	-0.64	1.25
3	2	0.879836	2.051839		
4	3	0.723445	1.987978		
5	4	1.166146	1.866238		
6	5	-0.10026	2.361988		

=COS($D$2*B2-C2)+C2*SIN($E$2*B2*C2)　コピー　=B2+$E$2*SIN(C2)

図4.103 Excelでの計算

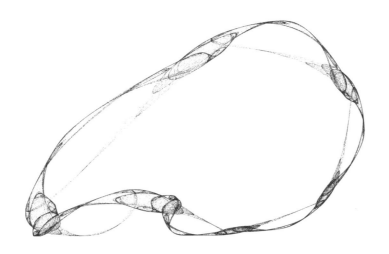

図4.104 Title: Rebirth（$a = 0.79, b = -0.89, N = 300,000$）

背景を白にしても美しさが強調されます。このリング状の模様「Rebirth」は、次の式で$(x_1, y_1) = (1, 1), a = 0.79, b = -0.89$と設定することで現れます。

$$\begin{cases} x_{n+1} = ax_n + by_n \\ y_{n+1} = x_n^2 + b \end{cases}$$

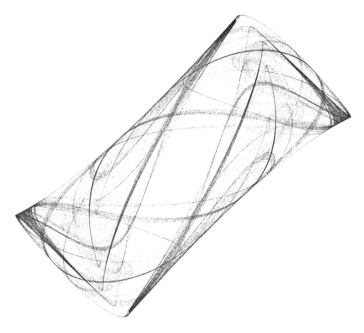

図 4.105　Title: Chaotic Cylinder（$a = -0.56, N = 300,000$）

　さらに、次の式で$(x_1, y_1) = (0.1, 0.1), a = -0.56$と設定することにより、**図4.105**のような筒状の中に対称的な模様が生成されます。

$$\begin{cases} x_{n+1} = x_n + a\sin(2\pi y_n) \\ y_{n+1} = x_n\cos(2\pi y_n) + ay_n \end{cases}$$

デザイン、アートへの
活用例

5.1　Excelアートのデザイン活用例

　ここまで、Excelを使った様々なアートを紹介してきました。この節では、Excelで出力した図形をどのように保存、活用するかといった、取り扱いについて簡単に説明していきます。例えば、Excelでストリング・アートを作成したとしましょう。正確で細かく、そして美しい図形は、PowerPointなどのスライドに有効活用したいですよね。そのためには出力した散布図を画像として取り扱う必要があります。例えば、「グラフエリア」で全体をコピー（Ctrl+C）して、そのままPowerPointのスライドにペースト（Ctrl+V）すると実際にスライドに散布図が貼り付けられます。

そのままペースト(Ctrl+V)すると、「散布図」としてペーストされる

図 5.1　PowerPoint 上に「散布図」としてペーストされる

　しかし、これは「散布図」をそのままペーストしているため、PowerPoint上でも「散布図」として出力されます。つまり画像として扱われていません（これはこれで面白く、例えば、Excel上で糸掛係数を変更するとPowerPoint上の散布図も同期して変化します）。そこで、ペーストの際に右クリックで貼り付けのオプション「図」を選択してペーストします。こうすることで、画像としてExcelアートが扱えます。

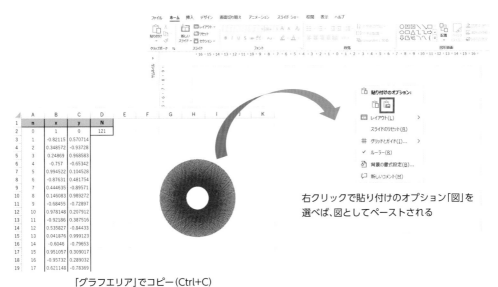

	A	B	C	D	E	F	G	H	I	J	K
1	n	x	y	N							
2	0	1	0	121							
3	1	-0.82115	0.570714								
4	2	0.348572	-0.93728								
5	3	0.24869	0.968583								
6	4	-0.757	-0.65342								
7	5	0.994522	0.104528								
8	6	-0.87631	0.481754								
9	7	0.444635	-0.89571								
10	8	0.146083	0.989272								
11	9	-0.68455	-0.72897								
12	10	0.978148	0.207912								
13	11	-0.92186	0.387516								
14	12	0.535827	-0.84433								
15	13	0.041876	0.999123								
16	14	-0.6046	-0.79653								
17	15	0.951057	0.309017								
18	16	-0.95732	0.289032								
19	17	0.621148	-0.78369								

「グラフエリア」でコピー（Ctrl+C）

右クリックで貼り付けのオプション「図」を
選べば、図としてペーストされる

図 5.2　貼り付けのオプション「図」を選択する

　また、Excelの画面から直接画像として保存することも可能です。「グラフエリア」で右クリックし、「図として保存」を選べば完了です。ただし、「図として保存」はExcelのバージョンによって利用できないことがあります。その場合は、一旦PowerPointに貼り付け、PowerPoint上で「図として保存」します。

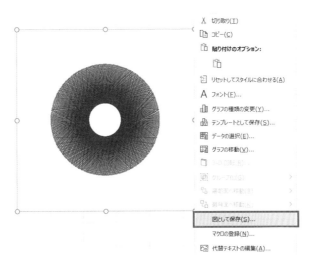

図 5.3　「図として保存」により直接ファイルに画像として保存できる

　そして、図として保存する際のテクニックですが、元の散布図を拡大させてから保存することで、画質が上がります（その分ファイルも重くなるので注意です）。例えば、繊細な点の散らばりが要のカオス・アートでは、なるべく画像を大きくした方が見栄えがよくなります。なお、大きくしすぎると点が細かくなりすぎて見えなくなるのでこれも注意です。具体例として、第4章で扱った「クリフォード・アトラクター」を小さいサイズで保存したものと、大きいサイズで保存したも

のを比較してみましょう。まず、保存する前に Excel 上でサイズを調節します。

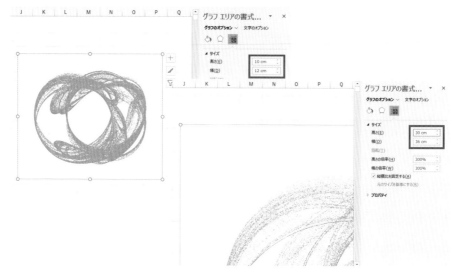

図 5.4　グラフエリアの書式設定でサイズを調整する

10cm×12cm と、ちょうど3倍の 30cm×36cm のものをそれぞれ保存して見た結果が**図 5.5** になります。サイズによって画質がかなり変わってくることがわかります。

10cm×12cm のサイズで保存した画像

30cm×36cm のサイズで保存した画像

図 5.5　サイズによって、細やかな描写のまま保存できる

実際に PowerPoint 上の画像として Excel アートが扱えるようになったので、例えば透明度を下げるなどしてスライドのちょっとした装飾にも利用できます。

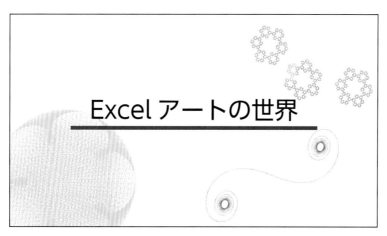

図 5.6 スライドの装飾として利用

5.2 数学と切り絵

　ここでは、数学をモチーフにした筆者の切り絵作品をいくつか紹介していきます。切り絵とは、紙を切り抜いて描く絵画手法の1つで、その独特の表現と奥ゆかしさから日本だけでなく世界中に切り絵のアーティストや愛好家の方がいらっしゃいます。私も切り絵を嗜む一人であり、展示会や展覧会で作品を発表することがあります。特に私の作風は基本的に「数学」をモチーフにしており、数学的な意味や理解があるとより一層楽しめるような作品を目指しています。本節では、過去の代表的な作品について、簡単な解説とともに紹介していきます。

素数曼荼羅

図 5.7 Prime Mandala -31,23,19,13:64- （2016），切り絵

　モチーフは第3章の「ストリング・アート」の中で紹介した糸掛け曼荼羅です。正六十四角形の頂点に釘を打って、周期を $31, 23, 19, 13$ の4種類で糸を掛けてできる模様をベースにしています。曼荼羅の周りには円相という禅における書画の一種を描いています。この作品では糸や筆のかすれまで全て切り抜き、表現しています。

変形螺線曼荼羅

図 5.8　Periodic spiral（2020），切り絵

　これもストリング・アートの一種です。次のような点列（$0 \leq n \leq 100$）を考えます。

$$
\begin{cases}
x_n(N,M) = r_n(M)\cos\left(\dfrac{2\pi nN}{100}\right) \\
y_n(N,M) = r_n(M)\sin\left(\dfrac{2\pi nN}{100}\right)
\end{cases}
$$

通常の螺線の場合、半径を表す関数 r は単調増加（または単調減少）関数ですが、ここでは周期関数を考えます。周期関数の代表例は $\sin(\theta), \cos(\theta)$ です。今回は r として次のような関数を考えます。

$$
r_n(M) := \sin\left(\frac{2\pi nM}{100}\right)
$$

この点列を実際にExcelで描いてみましょう。この周期的な変動をする半径の螺旋は、パラメータ N, M を変えることで様々な模様に変化します。なお、$(N, M) = (10, 43)$ のとき、**図 5.8** の切り絵の模様となります。

▌ タイリングをモチーフにした切り絵

図 5.9 Poincaré Enso（2016），切り絵（左），Double spiral（2021），多重切り絵（右）

図 5.9左の作品は円相の内側にタイリング模様が広がっています。この内側の模様について解説していきます。この模様は双曲幾何学（Hyperbolic geometry）といわれる、いわば「距離感の異なる世界」でのタイリングを表しています。距離感に関しては、「円の縁に近づくほど、遠くなる」というものです。また、この世界における「直線」とは、この図のように円弧に直交する通常の円または直線を意味します。こうした、普通とは異なる世界におけるタイリングとして様々な模様が知られています。なお、このタイプのタイリングは、第2章で登場したマウリッツ・エッシャーも数学者コクセターの助言により、作品の中に円の極限（Circle limit）シリーズとして取り入れています。また**図 5.9**右の作品は、第2章で解説したフォーデルベルクのタイルをモチーフにした切り絵作品です。

■ フラクタル図形をモチーフにした作品

図 5.10　fractus（2020），多重切り絵（左），華-hana-（2020），多重切り絵（右）

　図 5.10左の作品は、フラクタル図形の「シェルピンスキー・ギャスケット」と一筆書きのループ模様をモチーフにしました。グラフ理論の簡単な定理の帰結として、「一筆書きのループ模様」は必ず2色で塗り分け可能であることが保証されます。そこで、銀色の部分では三角形を切り抜き、そうでないところは逆に三角形を残すという手法で切り上げました。**図 5.10**右の作品は、同じくフラクタル図形である「シェルピンスキー・カーペット」を背景にしています。シェルピンスキー・カーペットはとても規則的で、その構造は比較的わかりやすく、再現性の高い印象です。そういった規則や形の重厚感と対比させるように、前面に再現性が限りなく0であるフリーハンドの一筆書きと、絢爛・儚さを象徴した「華」という漢字を置きました。

図 5.11　朧-oboro-（2020），多重切り絵（左），Mythic Bird（2021），多重切り絵（右）

　図 5.11左の作品は、第4章で登場した「ドラゴン曲線」をモチーフにしています。ドラゴン曲線が持つ「次元が2でありながら、その実態は"線"である」という次元の中での朧げな印象と、「朧」という漢字の右側「龍」を掛けています。また、**図 5.11**右の作品も、第4章で紹介したグモウスキー・ミラ・アトラクターをモチーフにしました。元々は細かい点でできた模様ですが、点を少しずつ大きくし、弧状連結にしたものを切り抜いています。

4次元をモチーフにした作品

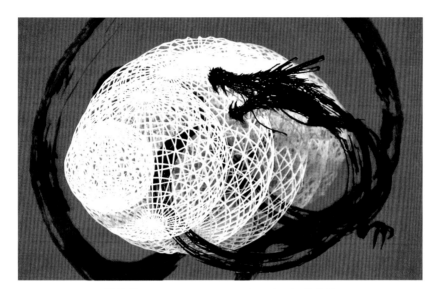

図 5.12 4 dimentional dragon（2019），多重切り絵

図 5.12 は4次元の中にある「球面」をモチーフに切り抜きました。通常、私たちの世界（3次元空間内）における「球面」とは、中身のない（空気の入った）「ボール」を指します。中身が詰まっているものは「球体」と呼ぶことにします。

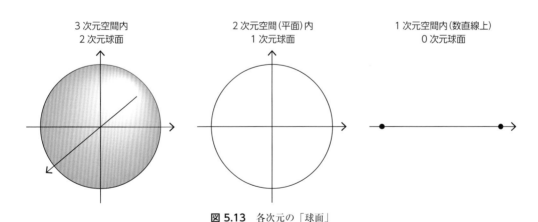

図 5.13 各次元の「球面」

さて、**図 5.13** のような3次元の中の球面は、結局は「曲面」の一種であり、体積を持ちません。そのため次元としては2次元と考え、正確には2次元球面と呼びます。1つ次元を下げてみましょう。2次元平面における「球面」とは何でしょう？　答えは線を1周することで描かれる「円」です。そのため円は1次元球面とも呼ばれています。そもそも球面とは「ある点から一定の距離にある点の集合」のことを指します。さらに次元を下げて1次元の数直線を考えてみます。原点周りに1離れた点は $x = 1$ と $x = -1$ の2点のみとなり、これを0次元球面といいます。

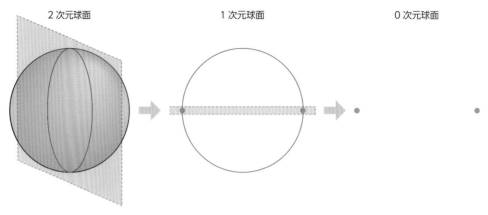

図 5.14　球面をスライスすることにより、1つ下の次元の球面になる

　では、次元間の球面の関係について考察していきましょう。例えば、2次元球面を「スライス」してみましょう。するとその断面は円、つまり1次元球面となります。さらに1次元球面を「スライス」すると、断面は2つの点となり、これは0次元球面となるわけです。なお、この主張は一般化でき、$n+1$次元球面をスライスしたときの断面はn次元球面になることが知られています。

　ここまでの話を4次元の球面（以降S^3と表します）で考えてみましょう。3次元の世界ではS^3の全容を目で見ることはできません。そこで「スライス」することにより次元を下げ、2次元球面を作っていきます。**図 5.12**の切り絵作品「4次元に住む龍」における白い曲面の部分はS^3を何枚かにスライスしてできる2次元球面を表しています。なお、切り絵自体は「平面」なので、さらに2次元球面を平面上に「射影」した（影を見るイメージです）デザインを切っています。切り絵はあくまで平面的なものなので、いかに次元を下げて表現するかが難しい問題です。

関連図書

関連書籍として、いくつか書籍を挙げておきます。

第1章

[1] 塩川 宇賢、『無理数と超越数』、森北出版株式会社、1999.
[2] アルブレヒト・ボイテルスパッヒャー、ベルンハルト・ペトリ 著、柳井 浩 訳、『黄金分割—自然と数理と芸術と—』、共立出版、2005.
[3] フェルナンド・コルバラン 著、柳井 浩 訳、『黄金比—美の数学的言語』、近代科学社、2019.
[4] 中村 滋、『フィボナッチ数の小宇宙』、日本評論社、2008.

第1章の黄金比とその性質に関してより詳しく知りたい方は [2] と [3] を。フィボナッチ数の基本的な性質からマニアックな性質まで網羅したい方には [4] がオススメです。また、この章の内容とは少しそれますが、黄金比などの「無理数」に関する研究は [1] が有名です。

第2章

[1] 杉原 厚吉、『エッシャー・マジック—だまし絵の世界を数理で読み解く』、東京大学出版会、2011.
[2] 川崎 敏和、『バラと折り紙と数学と』、森北出版株式会社、1998.
[3] 伏見 康治 著、江沢 洋 解説、『紋様の科学』、日本評論社、2013.
[4] 田中 浩也、舘 知宏、『コンピュテーショナル・ファブリケーション—「折る」「詰む」のデザインとサイエンス』、彰国社、2020.

模様に関してひと通りまとまっているのは [3] です。エッシャーのタイリングの技法については [1] がオススメです。また、折り紙の数学的な性質やその応用例については [2] と [4] が読みやすく、特に [2] では川崎ローズの折り方も詳しく説明されています。

第3章

[1] 梅原 雅顕、山田 光太郎、『曲線と曲面（改訂版）—微分幾何的アプローチ—』、裳華房、2015.
[2] 岡本 久、『最大最小の物語—関数を通して自然の原理を理解する』、サイエンス社、2019.
[3] 栗原 将人、『ガウスの数論世界をゆく—正多角形の作図から相互法則・数論幾何へ』、数学書房、2017.

第3章の「糸掛け曼荼羅」の話題は直接かかわってきませんが、「媒介変数」を使った曲線の一般論は [1] で学習できます。[2] は最大・最小に関する話題を扱っており、サイクロイドが最速降下曲線であることや、その歴史的な背景も取り上げられています。[3] についてはこの章で少しだけ触れた「平方剰余」やそれにまつわる整数論の話がまとめられています。

第4章

[1] 西沢 清子、関口 晃司、吉野 邦生、『フラクタルと数の世界』、海文堂出版、1991.
[2] ケネス・ファルコナー 著、服部 久美子 訳、『フラクタル』（岩波科学ライブラリー）、岩波書店、2020.
[3] 高安 秀樹、『フラクタル（新装版）』、朝倉書店、2010.
[4] 高安 秀樹、『フラクタル科学』、朝倉書店、1987.
[5] B. マンデルブロ 著、広中 平祐 監訳、『フラクタル幾何学（上）』、筑摩書房、2011.
[6] B. マンデルブロ 著、広中 平祐 監訳、『フラクタル幾何学（下）』、筑摩書房、2011.
[7] 牟田 淳、『アートを生み出す七つの数学』、オーム社、2013.
[8] 宮島 静雄、『微分積分学 I—1 変数の微分積分—』、共立出版、2003.
[9] Clifford A. Pickover, *Chaos in Wonderland: Visual Adventures in a Fractal World*, St. Martin's Press, 1994.

［10］ Michael Barnsley, *Fractals Everywhere*, Academic Press, 1988.

　第4章では [1]〜[8] までの文献からフラクタルに関するあらゆる性質をご紹介しました。より詳しい内容を学びたい方にはどれもオススメです。また、反復関数系や乱数を使った確率的反復関数系、アトラクターに関する話題は [7]、[9]、[10] を参考にしました。

索引

さ行

ま行

や行

ら行

わ行

Excel関数

Memo

著者プロフィール

岡本 健太郎（おかもと けんたろう）

1990 年生まれ。山口県下関市出身。九州大学理学数学科卒業。同大学院数理学府博士後期課程修了。博士（数理学）。

現在、和から株式会社の数学講師を務める。数学教育に力を入れており、「楽しめる授業」をモットーに学生から社会人まで幅広く授業を展開。また、数学を使ったアート活動（切り絵）を通して、数学の有用性だけでなく美しさや魅力について積極的に発信。

本書へのご意見、ご感想は、以下のあて先で、書面または FAX にて
お受けいたします。電話でのお問い合わせにはお答えいたしかねます
ので、あらかじめご了承ください。

〒162-0846　東京都新宿区市谷左内町 21-13
株式会社技術評論社 書籍編集部
『アートで魅せる数学の世界』係
FAX:03-3267-2271

●装丁　　　　小川 純（オガワデザイン）
●本文 DTP　　株式会社トップスタジオ

アートで魅せる数学の世界

2021 年 11 月 6 日　初版　第 1 刷発行
2023 年 5 月 13 日　初版　第 2 刷発行

著　　　者　　岡本　健太郎
発　行　者　　片岡　巌
発　行　所　　株式会社技術評論社
　　　　　　　東京都新宿区市谷左内町 21-13
　　　　　　　電話　03-3513-6150　販売促進部
　　　　　　　　　　03-3267-2270　書籍編集部
印刷／製本　　図書印刷株式会社

定価はカバーに表示してあります。